Illustrazione in copertina
a cura di Alessandro Pirrelli

Carlo Mele

I segreti del campo elettro-magnetico-mentale

Lulu edizioni

Copyright © 2014 by Carlo Mele per Lulu edizioni
Tutti i diritti riservati
Prima edizione. Gennaio 2014

Nessuna parte della presente opera può essere riprodotta senza la specifica autorizzazione dell'editore e dell'autore

ISBN 978-1-291-67642-6

Ogni riferimento a persone o fatti riportati nel corso dell'opera è da considerarsi puramente casuale, e non attinente a situazioni della vita reale

Capitolo 1

Il generatore mentale

E' luogo comune pensare ad un campo elettromagnetico come ad un qualcosa di fisico, mentre noi tenteremo qui in questa nostra trattazione di affermare esattamente il contrario e di sfatare un tale tabù, confidando che con questa nostra azione possa crollare anche molto più di un semplice tabù, ma direi proprio tutto un castelletto costruito su false convinzioni.

Se tentiamo seriamente di capire chi siamo e come funzioniamo, non possiamo esimerci allora dall'andare a fondo a tutti gli interrogativi posti dalla conoscenza, costi quel che costi, anche l'esser soli contro tutti e predicare in un deserto, nella speranza e nella convinzione che il buon senso abbia sempre prima o poi a che predominare, facendo sì che anche i detrattori di certa "scottante" verità possano un giorno avere a ricredersi, e che essa possa definitivamente trionfare a vantaggio di chiunque. La Verità, d'altronde, non è un optional: è un fatto scientifico, e la scienza, per quanto ci riguarda, è l'unica cosa seria e di sicuro affidamento nella immane bolgia di teorie, di credenze e di false convinzioni, per non dire di bufale da baraccone tra le quali siamo costretti oggigiorno giocoforza ad aggirarci, in questo mondo del marketing, della violenza occulta, della manipolazione e dell'inganno, ma direi proprio della schiavitù.

Beh, la nostra lunga esperienza di ricerca ci ha condotti a scoprire che la mente emette campi elettromagnetici, se non proprio che la mente stessa è un campo elettromagnetico. Ci siamo accorti cioè che un campo mentale poteva agire direttamente su forze fisiche, e questo particolarmente nel caso di una mente specificamente allenata e sviluppata in termini di energia e di forza, quelle che poi sono le sue componenti di base. Ci siamo accorti insomma sperimentalmente che la forza di un campo mentale può arrivare al punto da interferire con forze fisiche, ed è stato questo a farci intuire come un campo mentale potesse diventare esso stesso fisico, e che la natura di partenza delle stesse forze fisiche non possa essere considerata differentemente pertanto da quelle di natura strettamente mentale: le une convergono evidentemente nelle altre. La natura mentale può diventare fisica e quella fisica può essere originariamente mentale.

Se le cose stanno come ci pare di poter dedurre, questa conclusione parrebbe gravida di conseguenze pratiche, di rilevanza scientifica non indifferente. La conseguenza di maggiore portata è rappresentata sicuramente dal fatto che dominio mentale e dominio fisico potrebbero perfettamente un giorno incontrarsi, in un regno operativo ove mente e macchina possano direttamente interagire tra loro, ad esempio. Impulsi nati dalla mente potrebbero essere trasferiti ai campi fisici generati da una macchina (generatore), come anche al contrario impulsi nati da campi fisici potrebbero essere veicolati fruttuosamente in un campo mentale. Quella che qui indichiamo è una scienza del futuro, che auspichiamo tuttavia possa trovare presto una pratica applicazione, poiché la riteniamo gravida di importanti implicazioni.

Fare interagire direttamente energie quantiche ed energie mentali significa poter fornire a portata di mente umana un intero comparto operativo, di qualunque natura funzionale esso sia, sanitario, o anche ingegneristico. Far entrare la mente nella cabina di comando di un processo operativo di X natura significa dare meno autorità alla macchina, e recuperare quella che la mente umana ha smarrito da tempo. E' la mente che deve comandare i processi, non la macchina: la mente il re, la macchina il servo.

Se campo mentale e campo elettromagnetico hanno una medesima natura, sia pure espressa a livelli differenti di frequenza, ma anche di intesità, non è azzardato introdurre il concetto di campo elettromagnetico-mentale. Il campo elettromagnetico-mentale rappresenterebbe l'unità funzionale operativa di base derivante dalla fusione delle due aree operative, mentale e fisica, che ufficialmente si incontrano e recuperano la loro cooperazione naturale. Ma in attesa che la scienza si decida a compiere questo grande passo riunificatore, che consegnerebbe al dominio mentale ben più ampie possibilità, potendo la mente contare in tal caso sull'apporto di quanti di energia di portata ben più ampia, ci toccherà per il momento arrabattarci con le nostre sole armi mentali, e cercare con esse, come sempre è stato da che mondo è mondo, talvolta anche da parte di operatori inconsapevoli dei veri meccanismi mentali della loro azione, elevare a rango di scienza, soprattutto terapeutica, le enormi possiblità offerte dallo sviluppo consapevole e tecnico di forti campi di energia mentale, applicati espressamente all'ambito della terapia.

La mente è un campo d'energia ed è anche un generatore di campi di energia. Questa proprietà è insita in tutte le menti, ed opera tanto a livello consapevole nell'individuo quanto a livello inconsapevole, cioè inconscio. La generazione e l'amplificazione di campi di energia rappresenta una proprietà peculiare in noi tutti, là ove si consideri che perfino un sentimento rappresenta in fondo un campo di energia generato inconsciamente dalla mente psichica. Anche un sentimento è una carica di energia, e non sempre positiva. Tutto ciò che si muove dentro di noi è energia, a partire dal pensiero. Lo stesso corpo in fondo è energia, semplicemente organizzata su piani più densi e materiali. Energia è il pensiero come energia è il corpo fisico. La differenza sta solo nella strutturazione.

Lo stesso corpo fisico è un pensiero che si è strutturato in qualcosa di denso; la materia tutta che ci circonda insomma non è altro che pensiero organizzatosi su piani densi. Siamo sempre di fronte a campi elettromagnetici, che noi comunemente sogliamo discernere in movimenti mentali ed in movimenti fisici, i quali rappresentano tutti in fondo movimenti elettrici e mentali, cariche di energia la cui natura profonda alla fine è sempre mentale. Non è difficile allora intuire che se la mente è alla radice di tutte le manifestazioni della realtà, essa è in grado dunque di accedere a tutte le manifestazioni della realtà, azioni creative, trasformative, e di svariato tipo. Si fa prima a chiedersi dove potrebbe non entrare la mente, che tentare di fare il contrario!

Se un giorno sarà possibile realizzare quella supposta ed auspicata interazione mente-macchina, generatore mentale-generatore quantico, beh allora la mente sarà capace di interagire con tutti gli stati della materia ed ordinare in via diretta ad essa le più svariate operazioni, giungendo un giorno, chissà, anche a materializzare e smaterializzare oggetti a volontà! E' una fantasia da film di fantascienza questa? Chissà! Potrebbe essere invece una realtà! Ed in modo analogo potrebbe diventare realtà una medicina nella quale il comando mentale scannerizzi direttamente un corpo malato e, individuata l'area del male, ne trasformi la vibrazione di campo da patogena in perfettamente salutare.

Una mente ha bisogno però, per compiere operazioni del genere, di un forte apporto di energia quantica, fornita da un generatore esterno. Il generatore si mette a disposizione della mente e la mente in ultimo assoggetta il generatore stesso. E' un'ottica al momento futuristica, ma un giorno potrebbe diventare di applicazione quotidiana. Una mente dovrà essere tuttavia allenata per gradi ad interagire con campi di forza di livello crescente, fino a giungere a quegli alti livelli di energia. Una cosa che riteniamo possibile con la gradualità dell'esperienza. La stessa mente diverrebbe alla fine "quantica", ossia una mente di alta energia. E' un po', questa, una grave lacuna di fondo nella nostra cognizione umana, là ove noi affidiamo un po' troppo alla macchina quella potenza che dovremmo sviluppare invece nella nostra mente: la macchina acquisisce potenza, mentre noi ne perdiamo. Per il futuro dovrebbe poter accadere l'esatto contrario dunque.

La mente quantica è un campo elettromagnetico-mentale diventato di livello quantico e gestito dalla mente stessa. La mente funge in questo caso da generatore di impulso, cioè di volontà e di direzione operativa fenomenica, e l'energia quantica le fa da servitore, da supporto quantitativo per l'erogazione di quel dato fenomeno o evento nella sfera fisica (vedi gestione della macchina). La volontà difatti è appannaggio della mente umana, per cui da essa parte il comando operativo, ossia che cosa l'energia quantica complessiva deve fare, quale tipo di fenomeno evocare e quindi di effetto ottenere. E' la mente a decidere e l'energia quantica ad eseguire, non il contrario.

In un tale caso non c'è più bisogno di usare pulsanti, né circuiti elettrici: la mente comanda e l'energia quantica esegue, senza fili. Poiché tutta la realtà è mentale, l'impulso viaggia al di là di fili e reti, e raggiunge direttamente l'obiettivo mentale-quantico stabilito. Un po' come le forze fisiche libere, quali un campo gravitazionale o una forza centripeta: mica seguono fili e reti! Sono forze che si manifestano libere in natura, seguendo linee che sono fondamentalmente mentali, anche se la scienza fisica ufficiale fa ancora fatica a riconoscere tutto questo.

Noi siamo immersi in un grande campo di forza che è mentale. Tutta la nostra realtà è mentale, tutti i fenomeni, gli eventi che si dipanano e passano poi inesorabilmente per quelli che sono i nostri eguilibri mentali interni, per quanto attiene la vita di ciascuno di noi intendo dire. Sono i nostri equilibri interni di energia e quindi di coscienza a condizionare poi ciò che accade fuori, per una legge che vuole che le manifestazioni esterne a noi siano esatta proiezione di quelle mentali interne. Per questo cambiare noi dentro significa poi cambiare anche il fuori, il dipanarsi degli eventi, ed il farci più positivi e vincenti dentro comporta il diventarlo a ruota anche fuori.

E' un fatto matematico. Poiché un mondo è riflesso dell'altro. Non trovi una fortuna fuori se prima non l'hai seminata dentro, e questo ad ogni livello della vita, fortuna amorosa, economica, lavorativa, sociale e tutto quello che ti pare. E alla fine ti accorgi che tutti quei campi di forza che ruotano attorno a noi, sia in positivo che in negativo, riflettono esattamente quelli che albergano dentro di noi, che anche inconsapevolmente coltiviamo, amplifichiamo, sviluppiamo. Siamo una fabbrica di campi di forza con la mente, e non ce ne accorgiamo. Poiché tutto questo lo operiamo per la maggior parte dei casi inconsciamente.

Ma è chiaro che ci è dato di poter imparare a gestire consapevolmente lo sviluppo dei nostri campi di energia e di forza, e questa diventa scienza sottile e determinante per la vita di ciascuno. E cosa accade se ognuno di noi impara intanto a positivizzare le proprie energie mentali, e poi a generare campi sempre più positivi e vincenti? Dove può arrivare? Non è difficile intuire dove possa arrivare un essere umano se impara a costruirsi consapevolmente campi di forza positivi e vincenti. Non ci vuole molta fantasia per immaginare a quale grado di alta esistenza possa accedere.

Il fatto è che fino ad oggi ci hanno abituati a vedere tutto lo sviluppo interiore soprattutto in termini di religione, di spiritualità, assoggettando tutto questo poi spesso a regole che hanno fatto il bello ed il cattivo tempo, generando confusione, ed anzi peggio obbligandoci a muoverci in direzioni mentali prestampate, ma non sempre poi efficaci e costruttive per noi. Vedi i casi in cui si è esaltata la via del dolore e del sacrificio, o della immolazione di una vita in favore di migliori vite future. E' un'affermazione di non-vita questa, non di vita e di successo. E un vivere senza vivere e senza aspirare al proprio successo di vita è una sconfitta, un non-senso.

Siamo qui per vivere e per vincere. Quando togli ad una persona la giusta motivazione alla ricerca ed alla affermazione di se stessa, alla propria vittoria esistenziale, cosa resterebbe di essa, un simulacro? Siamo qui per vivere, per affermarci e per vincere. Il che si traduce nell'esplodere il massimo dei nostri potenziali mentali disponibili, che non sono poca cosa! E tutto passa per la mente, poiché dato per scontato che tutta la realtà è mentale, finanche quella del nostro corpo, è la cultura della nostra mente alla fine la chiave di ogni vittoria.

Non occorrono dunque dei decaloghi del comportamento, fatto salvo per la legge del non essere mai di danno a niente ed a nessuno, ma possibilmente di aiuto a tutti, mentre occorre una via pratica e scientifica che alleni la mente e la porti al massimo della sua efficienza, delle risposte, delle possibilità, dei poteri, di tutto quello che possiamo chiamare potenzialità. Le nostre possibilità.

E' tempo di tirare fuori dal magico cilindro della mente le nostre possibilità e metterle a frutto, non più di fare discorsi e congetture filosofiche, teologiche o religiose, che non servono più a niente. Noi dobbiamo costruirci una realtà vincente a partire dalla mente, non disquisire sul più e sul meno, sul come le cose possono stare a funzionare, ragionare, ragionare, ragionare! Non c'è più niente da ragionare, ed in tal senso una scienza rappresenta la massima risposta pratica e fattiva al non-ragionare, al non dibattere, al non disquisire: è meccanismo puro. Punto e accapo.

Tu applica quel meccanismo puro e vedi come ottieni i risultati. Le finezze dialettiche, alla fine, lasciale pure agli sciocchi.

Capitolo 2

Il campo elettromagnetico-mentale

Abbiamo dunque detto che la mente è in grado di generare campi di forza, ciò che abbiamo anche preferito definire "campo elettromagnetico-mentale". Questa proprietà di generare campi non è specifica del cervello, ma dell'energia mentale pura, che nella sua natura è incorporea. Abbiamo anche detto che questi campi vengono spesso generati ad un livello inconsapevole, risultandone amplificazioni di energia non sempre a carattere costruttivo, come nel caso dei sentimenti negativi, vere e proprie cariche di odio, di rancore, di paura e quant'altro. Le quali ultime si rendono responsabili di inevitabili condizionamenti del pensiero, di pulsioni, di impulsi che si ripercuotono quasi sempre contro la persona stessa, in termini di autoaggressione (malattia, dipendenze varie, stati di intossicazione, suicidio, ecc.), o qualche volta anche contro altre persone (deliri di persecuzione, attentati, omicidi, schiavizzazione, aggressioni fisiche e morali, criminalità, terrorismo, ecc.).

Per quanto a noi possa apparire poco credibile, il nostro pensiero è influenzato giusto da queste cariche o campi di energia che ad esso si sottendono, e che gli danno vita, forza, spinta. Il pensiero difatti è energia, ed è la risultante proprio di quelle cariche di energia che predominano nel nostro inconscio. Le quali cariche a loro volta, come appena specificato, sono la risultante soprattutto dei nostri stati d'animo, ossia della amplificazione di campi di energia a valenza affettiva che noi chiamiamo sentimenti, o anche solo emozioni, la cui forza decide di quelle spinte di pensiero per l'appunto.

La nostra carica globale di energia inconscia diventa pensiero.

Un sentimento è dunque una carica di energia. E ci portiamo una tale messe di cariche di energia, ossia di campi mentali nell'inconscio, di cariche affettive che si sommano e convergono tra loro, interagiscono, che la sommatoria di tutto questo potenziale finisce necessariamente con l'agire poi sulla sfera del pensiero cosciente, ossia dell'energia mentale di superficie della mente, ciò che chiamiamo coscienza razionale, pilotandone inevitabilmente la direzione, la carica, il messaggio stesso.

Ciò che rumina nel nostro inconscio energetico, la carica che viene a predominare maggiormente come sommatoria di tutte le cariche presenti lì sotto, è quella che influenza definitivamente nel qui ed ora il nostro prodotto finale di pensiero. E' così che funziona. Ciò che si manifesta alla fine nella mente cosciente è esattamente la risultanza della più forte o preponderante energia che si esprime qui ed ora nel nostro subconscio mentale ed energetico, che poi è coscienza.

Per cui si può avere una manifestazione positiva o prevalentemente negativa, ossia improntata ad una costruttività o ad una distruttività di fondo, e questo in relazione alla maggiore o minore positività o negatività della carica preponderante inconscia del momento.

Se nel qui ed ora le nostre energie mentali sono molto positive, noi sprigioniamo tendenzialmente cariche positive. Il che si traduce in nuove intuizioni risolventi per la nostra vita, in percezioni di realtà decisamente utili e fruttuose per noi o per altri. O ci giunge la soluzione ad un problema, che aspettavamo da tempo. Poiché un'energia positiva ha spinto una tale risposta risolvente. All'opposto, quando la carica media nell'inconscio nel qui ed ora è prevalentemente negativa, ossia improntata alla distruttività, la pressione d'energia sul pensiero si fa automaticamente oscura, e noi iniziamo a vedere prevalentemente nero, a pensare le cose dal loro lato peggiore, più pessimistico, più negativo per dirla in sintesi.

E' la carica preponderante d'energia inconscia dunque quella che informa il tono principale del nostro pensiero, ed a ruota anche dell'umore. Se nel mio inconscio continua a ruminare ad esempio un campo d'energia-messaggio del tipo "IO sono proprio un fallito!", cosa vuoi che possa sprigionare mai alla superficie consapevole della mia mente? Pensieri carichi di sfiducia, di pessimismo, di disistima, non certo di grande costruttività! Un campo d'energia mentale è una forza-pensiero, ed un messaggio al tempo stesso. Se nel profondo inconscio della mia sfera mentale vibrasse invece un pensiero informatore del tipo "Io posso cambiare la mia vita ed anche quella degli altri, se lo vogliono!", che tipo di cariche-pensiero potranno mai sprigionarsi alla superficie razionale e cosciente della mia mente? I pensieri più positivi e costruttivi, intuizioni illuminanti che potranno portarmi a creare realtà nuove, belle, positive ed utili, non solo per me ma anche per altri che vogliano eventualmente avvantaggiarsene.

Il pensiero è un potere, non c'è dubbio, e dobbiamo ora definitivamente chiarire come esso sia scientificamente una carica di energia, e come quella carica di energia sia influenzata nettamente dalla carica media e preponderante di energia che uno si porta nel suo inconscio, ove convivono una messe di cariche o di campi elettromagnetico-mentali identificabili in ciò che comunemente noi chiamiamo sentimenti, più o meno espressi, più o meno rimossi. Vedere un sentimento come un campo elettromagnetico potrà suonarci forse un tantino ostico, comunque nuovo. Ma dobbiamo abituarci a questa nuova lettura delle cose, dei nostri meccanismi di realtà, a partire dalla mente a giungere al corpo fisico, e per finire alla nostra realtà esterna degli eventi di tutti i giorni, che è influenzata malettamente se non pilotata dalle prime stesse due cose.

Sono dei vasi comunincanti questi, il corpo psichico, quello fisico e la realtà materiale circostante quotidiana. Non sono slegati affatto tra loro. Un "liquido" scorre continuamente da un vaso all'altro, un'energia confluisce continuamente da un comparto all'altro. E l'uno condiziona l'altro, non c'è che dire.

Non puoi essere negativo nel profondo e poi sperare di essere positivo nel pensiero ed a ruota anche nel tuo corpo, o altrettanto fuori nei tuoi eventi della vita. Se sei negativo dentro sarai negativo anche fuori. Poiché il campo d'energia è uno e viaggia su tutte e tre le frequenze della mente psichica, della mente corporea e della mente superconscia o esistenziale. Credi che non esista una mente esistenziale?

Il motore degli eventi in realtà è la tua stessa mente psichica, di riflesso, proprio per quel principio di continuità di energia che abbiamo appena descritto. I tuoi sentimenti sono energia, come il tuo pensiero è energia, gli eventi della tua vita sono energia, come gli eventi del tuo corpo sono energia. Si tratta di piani di energia differenti. Per cui si assiste ad un passaggio di comunicazione da un piano all'altro attraverso una trasduzione di frequenze.

Il corpo fisico vibra su frequenze diverse da quello psichico, ed altrettanto il mondo degli eventi materiali. Ma sono mondi in comunicazione tra di loro, ove la comunicazione si traduce in una trasduzione degli impulsi nella frequenza più idonea ai diversi piani. Come dire che uno parla in italiano, l'altro traduce in francese e l'altro ancora in tedesco. Ma tutti e tre lavorano sullo stesso messaggio, e se tale messaggio è negativo, disturbante, poco costruttivo o proprio distruttivo, gli effetti si faranno sentire a tutti e tre i livelli, inesorabilmente.

Siamo qui di fronte ad una scienza precisa. Non potrò mettere in formule quello che dico unicamente perché non sono un fisico, né un matematico. Ma credo sia possibile anche questo. E se un giorno questa collaborazione della scienza mentale con le scienze fisiche e matematiche potrà farsi finalmente fruttuosa ed attiva, beh allora sì che sarà possibile scoprire fronti nuovi per la scienza e quindi vantaggi a ruota per l'uomo.

Dobbiamo guadagnare l'idea che tutti i nostri corpi, tutte le dimensioni che ci compongono e che ruotano attorno a noi e la nostra vita sono campi d'energia, e che gli stessi campi d'energia sono essi stessi presumibilmente coscienza. E' un modo nuovo di concepire la nostra realtà, nelle sue varie componenti, ma gravido anche di implicazioni. Poiché se l'uomo riunisce la natura mentale di fondo di tutte queste componenti, che pur hanno frequenze diverse tra loro, beh allora ecco che la mente assurge a faro illuminante, a principio informatore e pilota di ognuna di queste componenti. Il trade-union, se vogliamo. Io direi il mediatore ed il gestore unico.

La mente diventa il catalizzatore di tutti i movimenti di energia che vanno in entrata ed in uscita da questo ideale sistema di comunicazione interattivo, il fulcro di ogni realtà. Non è lontano tutto questo dall'ipotesi quantistica, con la differenza che qui restituiamo la giusta dignità alla componente mentale, là ove in genere si tende ad ignorarla. Analogamente il principio della relatività si adatta molto bene ad un tale modello. La mente come regina della multidimensionalità, come porta che dà passaggio da una espressione di realtà ad un'altra. La mente come principio base di ogni manifestazione, come ente a priori ed immanifesto prima del manifesto. La mente, se vogliamo, come vera scintilla divina a monte di tutte le cose.

Qui scienza, filosofia e religione si incontrano in un unicum, parlano un solo linguaggio, non più fatto di ipotesi, ma di fatti auspicabilmente verificabili a stretto giro di posta, di esperienze al momento solo fantasticabili ma un domani probabilmente appannaggio del quotidiano.

La mente è il principio creatore, per cui nessuna macchina o nessun generatore d'energia potrà mai prenderne degnamente il posto. E' la mente ciò che deve comandare e decidere, non la macchina. La macchina è ottimo braccio nella progettazione o nel calcolo, ma non potrà mai creare, poiché non recherà mai in sé quella scintilla dell'intuizione, della ideazione, della invenzione, tutte quelle cose che sono requisito di un ente intelligente e vivente, non di un automa. Tu puoi mettere intelligenza in una macchina, ed essa potrà anche inventare delle cose, ma la sua capacità di invenzione sarà sempre limitata a ciò che tu le hai a priori insegnato. Poiché tu l'hai programmata. La mente, alla fine, sei sempre tu.

Qualunque cosa la macchina farà, sarai sempre tu ad averla prima pensata o comunque propiziata. Anche Dio altrimenti, pur massima espressione della creatività, rischierebbe di poter essere ridotto entro gli asfittici confini di una macchina!

Capitolo 3

Una nuova cultura: l'Autosviluppo d'Energia

Quando parliamo di campo elettromagnetico-mentale, parliamo di una generazione di energia che avviene normalmente ad un livello inconsapevole; la mente in pratica amplifica energia e proietta se stessa in una sorta di creatura, un campo che ha tutta la valenza di un sentimento o talvolta anche di una forza fisica vera e propria.

Per dare vita a forze fisiche anche inconsciamente, occorre disporre ovviamente di una forza mentale di fondo davvero niente male. Vi sono persone che naturalmente dispongono di una tale forza mentale, per cui si ritrovano anche inconsapevolmente a gestire poteri la cui provenienza non saprebbero spiegare neanche loro. Sono quei poteri cosiddetti "paranormali", quali quello di percepire eventi a venire o di leggere nella mente altrui, o di influenzare processi fisici con la propria energia, o di percepire attraverso il solo tocco fisico la storia di un oggetto, e roba simile. Per non parlare di coloro che spostano oggetti con la mente o alterano la forma di un metallo grazie all'intervento di piccoli e semplici tocchi delle dita. In tali casi si sviluppano campi di forza, campi elettromagnetici che hanno proprio una natura fisica. E questo è evidente. Altrimenti come potrebbero incidere su altri fenomeni fisici?

In molti di quei casi il processo è talmente automatico che la persona non utilizza la propria mente in maniera attiva e consapevole, il "potere" si mette in funzione da sé, spesso anche senza preavviso e quindi al di fuori della portata della volontà cosciente del soggetto. Stessa cosa avviene con l'amplificazione dei sentimenti, che sono movimenti inconsci, involontari, automatici, non governati coscientemente dal soggetto. Il quale se potesse, ovviamente, si gestirebbe emozioni preferibilmente positive, parrebbe ovvio. A chi piace autogenerarsi qualcosa di torbido che gli si debba poi finanche rivoltare contro, vedi effetti sulla salute, o sugli eventi della vita? A chi non piacerebbe invece vivere un paradiso in terra, piuttosto che un inferno?

Ma se l'uomo avesse la possibilità di sviluppare campi d'energia di tenore positivo, per l'appunto, cosa ne farebbe? Cercherebbe sicuramente di costruirsi un proprio paradiso personale! E questo è proprio quello che stiamo qui cercando di indicare alla gente: come costruirsi un paradiso personale! E questa possibilità c'è ed è enorme, la possibilità di maneggiare e gestire consapevolmente le proprie amplificazioni mentali di energia e di costruirsi campi di realtà costruttiva, esattamente quello che si tramuterà alla lunga in una realtà manifesta, innanzitutto nel pensiero, poi nella salute del corpo ed in ultimo negli eventi della vita.

Noi abbiamo la possibilità di amplificare campi elettromagnetici mentali positivi, di farne un primario motivo di cultura più che di culto, fino ad "armare" il nostro potenziale mentale ad un livello di tutto rispetto, dotandoci di tutto quello che ci rende vincenti nella vita, che ci difende dalla negatività di natura e del mondo tutto, e che possa esplodere ed affermare al massimo tutta la nostra potenzialità esistenziale, per la quale in fondo siamo qui. E siamo qui per esplodere energia-luce, e con essa vincere l'energia oscura, la sua cecità e la sua impotenza, ed il dolore che da essa ci deriva. Siamo qui per vincere sul nostro lato tenebroso, per guarire, per risorgere, per salire ad un livello di esistenza decisamente superiore. Per dominare l'impotenza dell'essere inferiore, e vestire il rango divino, se vogliamo, dell'essere superiore che è in noi.

Il meccanismo con il quale produrre in maniera cosciente amplificazioni del campo mentale è ciò che chiamiamo Autosviluppo d'Energia. In tutte le pratiche di meditazione e di preghiera si è sempre generata energia, e la si è incanalata verso una data direzione di coscienza (oggetto psichico di riferimento); se noi estrapoliamo dal contesto religioso o filosofico il puro meccanismo dell'amplificazione e proiezione della energia mentale, ne ricaviamo un metodo che punta a proiettare su un dato oggetto di riferimento (o obiettivo dell'azione mentale) un campo d'energia. Noi generiamo un campo elettromagnetico-mentale che si canalizza verso quell'oggetto.

Se io prego Dio, e gli chiedo di aiutare un amico in una certa situazione difficile che egli attraversa, sto generando in realtà un campo d'energia e lo sto proiettando (cioè indirizzando) verso l'aiuto a quell'amico (oggetto di riferimento). Il fatto che Dio risponda a tale mia preghiera sta in relazione alla forza che io riesco ad imprimere a quel mio campo mentale (forza della fede), ed al merito col quale mi approccio a quella mia richiesta. Poiché c'è una scienza anche in questo, v'è una legge: non è la stessa cosa se a chiedere una "grazia" è uno che nel suo comportamento ha dato molto al mondo, o uno che al contrario ha tolto molto!

Se a chiedere quel dato aiuto è una persona veramente buona, che aiuta molto il prossimo, che si sacrifica spesso e volentieri per gli altri è un conto, se lo chiede un mezzo criminale, che se può ti deruba anche di quello che hai, è un altro. E questo anche a parità di forza della preghiera, ossia di energia del campo. Anche se poi, in verità, è difficile che un criminale riesca a disporre di una energia spirituale altrettanto forte quanto un uomo santo.

Vi sono leggi precise in queste cose. Non potrai avere un bicchiere tutto pieno di una data sostanza liquida, e contemporaneamente anche di un'altra: se v'è l'una non v'è l'altra. E poiché è comprovato che l'energia d'amore è quella che qualifica la più grande forza spirituale e quindi mentale di un essere umano, appare ovvio che un essere poco amorevole non potrà giammai disporre di grande forza spirituale, e quindi mentale superiore. La forza di volontà è una cosa, la forza complessiva del campo elettromagnetico mentale è un'altra cosa. Molti criminali sono uomini molto decisi e volitivi; ma non hanno un campo mentale superiore puro e forte. Siamo davanti a due cose diverse dunque, da non confondere tra loro.

Il merito dunque, quello che tu puoi anche chiamare karma positivo, o credito. Queste sono leggi precise, come quelle della fisica, ove ad esempio un corpo solido non può passare attraverso un altro, o dove un corpo lasciato sospeso nell'aria cade pesantemente al suolo. Sono leggi precise. E come vi sono leggi nella sfera fisica, vi sono leggi anche nella sfera ultrafisica, in quelle che chiamiamo dimensioni più sottili, quarta, quinta, sesta dimensione, ecc.

Analogamente una persona che sia dedita alla meditazione, attraverso l'uso di un mantra ad esempio, sta sprigionando e amplificando energia mentale, un campo mentale, e questo sintonicamente con quello che è il principio ispiratore e guida informato dallo stesso mantra, non ultimo dalle sonorità col quale viene manifestato vocalmente. Sono tutte forme attraverso le quali noi generiamo campi d'energia elettromagnetico-mentale. Sicchè tu puoi dare origine ad un campo d'energia mentale attraverso un certo tipo di pratica cosiddetta spirituale, e nella ripetizione di quella pratica incrementare il tuo campo a livelli sempre più forti quanto ad intensità ed alti quanto a vibrazione.

Potenziandosi ed elevandosi di frequenza quel tuo campo mentale di base, che viene a rappresentare un po' adesso il vero e proprio asse portante d'energia per la tua mente, il corpo e l'essere tutto, ti ritrovi a dimorare in livelli di coscienza mentale sempre più alti e sottili, ciò che noi comunemente chiamiamo "illuminazione", un termine che pare molto risuonare di vibrazioni divine, ma che poi vai a vedere sotto sotto è un meccanismo scientifico bell'e buono, un meccanismo di potenziamento dell'intensità di campo e di innalzamento delle frequenze vibratorie. Nulla più.

Questo è l'illuminazione. Ed il divino è scienza.

La coscienza si illumina nel momento in cui l'intensità dell'energia di campo aumenta al punto tale da favorire molta intuizione e molta percezione della realtà che viviamo, dei meccanismi in atto dentro di noi ed in ciò che ci circonda. E' un processo scientifico questo dell'illuminazione di coscienza, ancorchè divino, l'acquisizione di quel potere superiore d'intuizione e di percezione intanto, poi d'energia, con tutte le sue implicazioni, che ne fanno ciò che abitualmente leggiamo come divino o soprannaturale o paranormale, a seconda del prevalere in noi di un tipo di visione o di un altro. Il fattore che illumina la coscienza è l'energia, non c'è dubbio, e per sviluppare più illuminazione dovrai sviluppare più energia, un campo mentale più forte. Punto. E' una matematica questa.

Tu poi con quel campo mentale potrai farci tutto quello che vorrai, e quanto esso è più grande e più forte tante più chance esso ti offrirà, è naturale. Tutto il tuo potere personale, la tua sensibilità, anche la tua sensitività se ci arrivi sta in quel campo di energia. E' naturale che ti debba convenire curartelo ben bene e sviluppartelo all'inverosimile se possibile, come faresti con il tuo conto in banca o con tutte le cose alle quali ci tieni e che gradisci far progredire, crescere e prosperare.

Noi abbiamo dunque la possibilità di dare sviluppo attivo e cosciente al nostro campo base di energia mentale, a ciò che possiamo definire la nostra riserva di fondo, la nostra carica personale di energia mentale. Possiamo coltivare questo sviluppo senza limiti, sta solo a noi, al nostro impegno, alla nostra volontà, alla nostra determinazione. Come deve fare un atleta che per vincere una competizione olimpionica deve allenarsi seriamente e tanto. Altrimenti altro che olimpiadi: non vincerà neanche le gare all'oratorio sotto casa sua!

E come tu curi il corpo e lo nutri per poter ottenere efficienza fisica e salute da esso, così devi curare lo spirito, ove per spirito intendiamo le sezioni vibratorie più sottili ed alte della tua mente superiore o super-conscia. "Spiritualità" in tal senso è tutto ciò che attiene a questa superiore sfera vibratoria, con le sue leggi, le sue percezioni, più comunemente inquadrata sotto una veste religiosa, quasi si tratti di una realtà avulsa da quella materiale quotidiana che ci circonda giornalmente, e vissuta come qualcosa di sottile e di diverso, di "celeste" e non più di terrestre. Niente di più falso. Si tratta invece più che altro di un discorso nel discorso, di un'altra realtà dentro a questa stessa realtà. Una dimensione nella dimensione. Due dimensioni complanari.

La dimensione ultrasottile, che noi possiamo inquadrare come spirituale, rappresenta semplicemente una dimensione parrallela a quella fisica, ma coesistente con essa, affatto avulsa. Se tu guardi un tuo braccio, vi vedrai una struttura di carne, ossa e muscoli, vasi sanguigni e quant'altro, direi bell'e che fisica. Eppure io ti dico che esiste un altro braccio all'interno di quello che tu vedi e si tratta di un braccio di natura astrale, ossia di vibrazione più sottile del visibile; e non ultimo esiste anche un braccio vitale, fatto di bioenergia, una radiazione che non puoi vedere ad occhio nudo, ma che non per questo non esiste.

Spiritualità vorrebbe dunque rappresentare la nostra riconduzione di coscienza al mondo del sottile e del profondo, che convive parallelamente con la nostra coscienza razionale che attiene al materiale; ma spiritualità non è necessariamente dunque un fatto religioso. La religione nasce da un bisogno di cercare il divino e di unirsi ad esso, per un fatto di impotenza umana innanzitutto, ma anche di ignoranza in secondo luogo, e poi di tradizione e di condizionamenti culturali, se non proprio di strumentalizzazioni demagogiche e politiche bell'e buone (potere religioso). Ma se tu osservi la dimensione spirituale con gli occhi della scienza, allora vi vedi meccanismi puri e ben precisi, non tutta quella messe di luoghi comuni che hanno finito col rifilarti nei secoli, e che se possono averti dato un qualche contributo alla fede ed al retto comportamento verso il prossimo, ti hanno poi tarpato le ali con divieti e imposizioni, con gravi limitazioni concettuali, se non con allucinatorie concezioni della Verità, lasciadoti alla fine a languire imprigionato in un ghetto di credenze e pregiudizi.

E la tua libertà? La tua vera conoscenza? La tua possibilità concreta d'esprimerti "divinamente", dov'è andata a farsi benedire?

Capitolo 4

Quando l'energia diventa arte

Dunque abbiamo possibilità di sviluppare un campo d'energia mentale consapevolmente, con regolarità e con metodo. Questo processo noi lo chiamiamo Autosviluppo d'Energia. E' un po' quello che un tempo avresti definito "meditazione", ma che oggi rivisiti in una chiave scientifica, come puro meccanismo di amplificazione di energia, e di generazione di un campo elettromagnetico-mentale positivo e mirato a diventare luce, nel tempo.

Se le frequenze mentali nelle quali dimori oggi sono ancora troppo basse (bassa evoluzione spirituale), puoi sempre sperare che un domani grazie a questo metodo tu possa elevarle a livelli di superiore caratura, fino a giungere alla luce, principio da non leggersi necessariamente in chiave unicamente fisica, ma anche in senso lato, morale, come indicatore di una frequenza elevata che di per sé poi è anche superiore a quella della luce fisica in senso stretto. La luce spirituale alla quale noi facciamo riferimento è di una frequenza anche più alta rispetto alla luce fisica. Quando si parla di "luce delle coscienze" ci si vuol riferire in genere, con linguaggio a tratti simil-religioso, ad un potere illuminante che proviene dallo "Spirito Divino", scientificamente diciamo dalle sezioni mentali super-conscie di alta vibrazione.

Concentrare energia nel proprio campo mentale equivale ad assicurarsi tutto il potenziale che ci serve ai più svariati scopi costruttivi, siano essi la comprensione dei nostri processi interni psichici, o dei meccanismi di realtà che ci toccano da vicino nella vita, o anche l'intuizione delle soluzioni vincenti nei problemi e nelle avversità, o l'assicurarsi un successo in un determinato ambito, o quant'altro. Non esiste guarigione da una difficoltà di salute, o soluzione di un problema esistenziale, o successo in una certa sfera personale di vita o di lavoro ove non entri in gioco l'energia mentale costruttiva e il suo potere. Tutto ciò che è costruzione o costruttività è energia, energia positiva, energia-luce, e noi dobbiamo produrla dentro di noi tale energia, non la troveremo già pronta là fuori da qualche parte, né potremo acquistarla al supermarket! Il nostro vero supermarket noi ce lo portiamo dentro, e vi possiamo trovare di tutto, ma è fondamentale riscoprirlo ed attivarlo da noi stessi. Il tutto solo a nostro vantaggio!

C'è sempre un campo d'energia mentale dietro ad ogni fenomeno mentale, come dietro ad ogni fatto esistenziale, o dietro ad ogni intuizione, o invenzione o anche solo ad una ideazione. E' tutt'un fatto di energia. E tale energia dove la si trova?

La si sviluppa.

Noi siamo produttori normalmente di energia, poiché siamo in fondo energia. Energia è l'entità sottile animica che ci compone, energia è il pensiero, energia sono i vari strati più sottili che ci compongono, come lo è anche il corpo fisico denso di superficie. Siamo tutti solo energia. E poi spesso si finisce col guardare solo all'apparenza densa del nostro corpo, specie certa medicina cieca della tradizione che guarda solo al "tangibile", e non riesce ancora a concepire l'esistenza in noi anche di una realtà più sottile, non meno reale di quella che consideriamo tangibile.

Tantissimi anni fa non si immaginava nemmeno l'esistenza dei batteri. Oggi dire che esitono è cosa quasi da bambini, e questo grazie ai microscopi. Eppure si ignorano ancora altre realtà, quelle considerabli oggi come ultra-microscopiche: le realtà della mente. E'quasi un'onta per uomini del terzo millennio: una cosa quasi forse più da cavernicoli!

E' pacifico che se esistono realtà (energie) più sottili, noi non possiamo ignorarne l'esistenza. Altrimenti cosa vorrebbe essere l'emancipazione della Terra? Tentare di allontanarci dal nostro spazio terrestre e spingerci lontano, quando non siamo riusciti ancora a guardarci dentro al nostro spazio psichico profondo, nello spazio animico, in quello spirituale? L'emancipazione deve avvenire anzitutto dentro di noi, per un uomo nuovo e pronto al grande salto, conoscendo bene finalmente i nostri veri meccanismi. Altrimenti quale salto andremmo a fare? Quello degli interessi privati, che riducono alla fame il resto del mondo?

E' chiaro dunque che esistono dentro di noi campi di energia decisamente più sottili e ne esistono anche di negativi. E' questa la nuova scienza nella cui direzione dobbiamo seriamente guardare, e non ancora in quella dei farmaci, della chimica e della fisica fine a se stessa. Non esistono fisiche e chimiche fine a se stesse. Esse esistono in funzione del mondo mentale, e se non riusciamo a vedere questo humus unificante, non potremo considerarci ancora abbastanza evoluti. Poiché tutto ruota attorno alla realtà mentale.

L'ignoranza fondamentale dell'uomo sta nello scollamento visuale che ancora lo attanaglia tra il mondo delle apparenze di superficie e quello della profondità delle cose. L'uomo è ancora fermo alle apparenze, alla materialità, che rappresenta poi il terminale di un processo che parte invece dal profondo, dal mondo delle menti, che viene sempre disertato, e considerato come ipotesi o proprio fantasia. Nel mondo della mente nascono le idee, i progetti, tutta la creazione dell'universo, per poi essere trasmutati attraverso un processo di energia, un forte processo di energia, in vibrazione densa di superficie, e diventare materia.

D'altronde, riflettiamoci: quando un ingegnere deve costruire un palazzo, non lo deve prima concepire a livello di idea, poi progettarlo sulla carta, disegnarlo, calcolarlo, e solo alla fine trasformarlo in costruzione materiale attraverso l'apporto di adeguate maestranze di lavoro? Ma da dove parte sempre un progetto? Dalla mente.

Tutta la materia parte dalla mente, e gli stessi campi fisici di energia sono campi mentali. Vi sono enti mentali all'opera da qualche parte in quel mondo invisibile, che la maggior parte delle persone non vede o ignora, o rifiuta. Vi sono operai anche lì. Poiché tutto si muove ed è stato costruito con grande perfezione dall'Infinito Ingegnere del Cosmo. Cerchiamo di farlo noi nel nostro piccolo, non vuoi che l'abbia fatto ancor prima una mente di una tale portata? La mente e la sua energia sono alla base di tutta la creazione, come di ogni futura o attuale ulteriore creazione. L'atto creativo stesso è un fatto di volontà, di intelligenza, e di energia.

L'energia mentale è quella che ti serve anche per le cose più banali del tuo quotidiano, quali il decidere cosa comperare oggi, come meglio far tornare certi conti in famiglia, o come meglio completare una certa operazione di lavoro. E'tutta energia mentale. E non a caso quando una persona è in debito di ossigeno, in termini di energia intendo dire, ecco che si suole dire che essa è "esaurita". Non a caso. Questa espressione, nella sua semplicità popolare, la dice lunga sul significato vero di energia e del suo peso, nella fattispecie della sua carenza.

Spesso sogliamo anche utilizzare frasi del tipo "Mi sento svuotato!", o roba del genere. E svuotato di che cosa? D'energia per l'appunto. Energia mentale ed energia fisica viaggiano così strettamente a braccetto che l'una risente dell'altra. Una forte energia mentale dà anche un forte impulso al vigore fisico, come un forte vigore fisico ti aiuta anche a mantenere alta la tua energia mentale. Non a caso gli antichi dicevano "mens sana in corpore sano"!

L'energia mentale è quella che ci serve per decidere delle cose del nostro quotidiano, come di grosse imprese di storica portata, quando si tratti di prendere ad esempio importanti decisioni di Stato, decisioni politiche o sociali, militari ecc. Come energia mentale è quella che ti serve per arrivare all'intuizione scientifica risolvente che ti fa capire la relatività, o la fisica quantistica, o il moto dei pianeti e delle stelle, o studiare insomma le cause di determinati fenomeni fisici, astromomici, matematici, le leggi, ecc. Non arrivi alla formula finale così, d'emblée, per un fatto fortuito o per effetto del caso: quella è stata l'ultima goccia che ha fatto traboccare un vaso pieno ormai da tempo, dopo anni di lavoro mentale di energia e di studio, e che ha dato la sua soluzione in quell'ultimo attimo fatale.

Lo stesso lavoro di studio e di osservazione è un lavoro di energia mentale. Come lo è tutto lo studio in generale. Le persone più intelligenti sono dotate di maggiori importi di energia mentale, dispongono diciamo pure di un propellente superiore rispetto alle altre. Anche se poi certa scienza fisica continua a dire che il merito è del cervello, riuscendo anche nella grottesca impresa di conservare cervelli in formalina quali cimeli storici da adorare! Quando noi qui continuamo ad affermare che il cervello, per quanto sia una macchina indubbiamente sofisticata, perfetta e affascinante, resta solo una macchina corporea, nulla di più. L'intelligenza viene dall'energia mentale di fondo dell' entità spirituale dell'uomo, ed è tale bagaglio di energia che utilizza poi la macchina cerebrale vera e propria. La quale è un servo, non il padrone. L'intelligenza è a monte, non a valle.

L'energia mentale ci serve per i nostri calcoli, per i nostri progetti, per utilizzare anche la memoria, la quale anch'essa in fondo è energia, ed ha bisogno di più energia per esprimersi in forma più vivida ed efficace. Vi sono persone con un più spiccato senso della memoria, persone con un più spiccato senso della vista o dell'udito. Ognuno di noi investe più energia su un dato versante anziché su un altro. Ma il nostro versante preferito utilizza comunque energia per potersi esprimere ai suoi migliori livelli, per dare il meglio di sé.

Prendi l'arte ad esempio. Vi sono persone con doti artistiche eccezionali, nel campo della pittura come della scultura ma anche della musica o quant'altro. In queste persone è sviluppata particolarmente quella data energia artistica. In genere si sente dire che è quella data area del cervello particolarmente sviluppata, ma quasi mai si sente dire invece che è una specifica energia ad essere particolarmente sviluppata in un certo ambito di superiore facoltà: la supercoscienza. E questo perché non siamo abituati a ragionare in termini di energia, ma sempre ed ancora in termini di cervello, di aree, di neurotrasmettitori, di sinapsi, neuroni, assoni e dendriti, giunzioni neuromuscoari e tutto quell'altro che ci pare! Ma l'energia mentale cosa sarebbe? Un personaggio della fantasia?

Se tu sei un grande calciatore ed hai uno spiccato senso del gol o sei capace di dribblare gli avversari come birilli, correndo palla al piede per tutto il campo senza che neanche uno ti riesca a fermare ed a soffiarti la sfera dai piedi, se non a patto di falciarti platealmente e spietatamente giù per terra, a cosa lo devi tutto questo? Ad una precisa area del cervello? No. Ad un progetto. Ove il DNA si mette al servizio della tua energia mentale pura. Non il contrario.

Lì, dentro a quella doppia spirale, v'è impressa in verità tutta quella tua speciale attitudine, e tutta l'energia che ti serve per esprimerla ai massimi livelli. Ma non l'avresti ricavata fuori se il tuo ente mentale, a priori, non l'avesse guadagnata, non l'avesse meritata. E' difatti sempre il corpo a mettersi al servizio dello spirito, a modellarsi su di esso e sulle sue esigenze e potenzialità, non l'opposto!

Quella data arte poi ti richiederà un pratico e continuo affinamento. Cosa che potrai ottenere con un congruo allenamento. Una scuola ci vorrà sempre. Ma quell'arte è già scritta in te. E quell'arte amico mio è un'energia. Un'energia impressasi nel tuo profondo, nella tua mente cellulare: nel DNA, ma che viene da ancora più lontano.

Qualsiasi dote spiccata dell'uomo è energia, qualsiasi talento. Vi sono poi in molta gente talenti nascosti, possibilità che mai hanno avuto modo fino ad oggi di venire allo scoperto e di manifestarsi, farsi apprezzare, esprimersi. E magari si tratta di persone che continuano a viversi come zombie, come ombre,

oppresse da antichi e schiaccianti conflitti e complessi. Che cosa rende un essere umano così ombra di se stesso al punto da non permettere alla parte migliore di sé di venire fuori ed affermarsi, dire la sua e vincere?
Perché vivere da polli quando si può vivere da leoni?
Ebbene anche qui c'è in ballo un'energia, ma in questo caso negativa. Una vera galera di energia che impedisce a queste persone di essere se stesse, e che continua a farle vivere come ombre, schiave dei propri conflitti e complessi, prigioniere a vita dell'oscurità. Ma poi, vai a vedere, si tratterebbe di potenziali artisti, o di persone capaci di fare cose che neanche altri sarebbero capaci di fare in un dato campo. Ma lo negano a se stesse. E assai spesso non se ne sono ancora neanche accorte! Sicchè un'energia negativa può essere il tuo carceriere, come un'energia positiva può essere il tuo liberatore.
Ma a te le avevano insegnate queste cose nelle scuole? No? Evidentemente ancora oggi ci si preoccupa prevalentemente di insegnare cose di minore caratura, eccezion fatta per il basilare leggere e lo scrivere. Com'è fatto l'uomo, come funziona, perché soffre e cosa dovrebbe fare per potersene liberare non fa ancora parte dei programmi della scuola. Perché questo mondo si nutre di futilità, e queste cose in fondo ancora non le mastica nemmeno!

Capitolo 5

Un mondo oscuro interno a noi

Abbiamo dato degno risalto a quale valore abbia per ognuno di noi poter disporrre di un campo d'energia quanto più sviluppato possibile. Altrettanto abbiamo fatto comprendere come sia possibile procedere ad un personale autosviluppo di tale campo d'energia con metodo; così ora intendiamo precisare come lo sviluppo di un tale campo non abbia mai un termine preciso, non esistendo una linea di confine che segni una sua massima estensione. Ci ritroviamo cioè davanti ad una espansione potenzialmente senza limiti. Ed anche questo fa delle nostre possibilità evolutive qualcosa di non schematizzabile: ognuno arriva dove può, ce n'è per tutti.

E' solo una corsa su se stessi.

Quando il nostro campo d'energia sale di frequenza, tutto l'essere ad esso sottostante, ossia da esso informato, sale con esso di frequenza, dunque anche il corpo fisico. Tu prendi due persone diverse, una sottoposta a pratica di autosviluppo da qualche tempo, ed una no: a parità di età, almeno in linea

teorica, quella sottoposta ad autosviluppo potrebbe aver raggiunto un innalzamento della sua frequenza vibratoria di base in tutto il corpo al punto da perdere età, quantomeno a livello vibratorio, molecolare intendo. La persona sottoposta a processo di autosviluppo apparirà vistosamente più giovane, più in forma e tonica rispetto all'altra. Tutt'un'altra storia!
E questo al di là che i due soggetti abbiano o meno una attività fisica di base, una qualche cultura del corpo. L'energia mentale diventa fisica, per via di quel principio dei vasi comunicanti per il quale le sezioni vibratorie inferiori e superiori di noi sono in comunicazione totale tra loro, e si parlano al massimo livello di frequenza che la persona ha raggiunto in sé. E questa è una legge, non un optional!
Abbiamo una enorme possibilità di innalzare le nostre frequenze vibratorie del corpo fisico, come di tutte le sezioni di noi, e questo si traduce in un incremento non indifferente di tutte le nostre potenze mentali e fisiche, di tutte le nostre possibilità. Quando gli antichi dicevano "mens sana in corpore sano" dicevano una cosa d'istinto, pur frutto di osservazione e d'esperienza, ma senza immaginare magari come ci fosse dietro in realtà un travaso di energia da un corpo interno all'altro, da quello psichico a quello fisico, a quello mentale.
Quando tu fai un salto vibrazionale con la tua mente, lo fai in realtà con tutto il tuo essere, poiché l'energia mentale si redistribuirà su tutti gli altri piani della tua esistenza, e della tua struttura, semplicemente adattando (trasduzione) il tipo di frequenza come si conviene da un piano all'altro. Ma quando il livello generale della frequenza è comunque salito, è salito per tutti i piani, ognuno sia pure a suo modo. Il piano fisico parlerà "cinese", quello psichico "francese", quello mentale "inglese", ma tutti vibreranno su un livello di frequenza e di messaggio consoni alla vibrazione generale da noi nel qui ed ora raggiunta. E, cosa fondamentale, si capiranno!

Questo è, tradotto in termini di frequenza vibratoria, ciò che corrisponde alla nostra evoluzione spirituale. Poiché alla fine poi si innalzano anche i livelli più profondi, ciò che definiamo in senso lato "spirituali", cosa che non può avvenire senza che anche i livelli di superficie, corporei e materiali, si siano innalzati di frequenza anch'essi. Un innalzamento di frequenza vibratoria nel corpo fisico, ad esempio, va a tradursi in un'accelerazione del metabolismo. Tu potresti mangiare tanto e non accorgertene nemmeno, poiché il tuo corpo brucia ad una velocità che non è più "normale", nel senso comune. Allo stesso modo in cui potresti convertire in energia fisica della semplice energia mentale di luce assorbita magari dall'ambiente circostante, o da te direttamente autoprodotta.

Non siamo più nella logica scientifica comune qui. Il nostro corpo è dotato di possibilità che vanno ben oltre l'osservabile e l'osservato. Ecco perché certe osservazioni scientifiche della tradizione, che poggiano solo sull'osservato, lasciano sicuramente a desiderare. Esse non guardano nella profondità energetica e mentale dei meccanismi del corpo, che vi sono alla base. Dietro ai quali poi v'è la mente, fattore ancor più disconosciuto, proprio in quanto più impalpabile.

Che la mente possa manipolare il nostro DNA ed imporgli nuovi ritmi e livelli di operatività rappresenta, per gli "scienziati delle cose apparenti", tutt'oggi ancora un tabù. Per costoro il DNA è possibile studiarlo solo nelle operazioni di ingegneria genetica, operazioni fisiche, operazioni chimiche. Non si riesce ancora a concepire che esso stesso è una catena di messaggi mentali, ancorchè di informazioni fisico-chimiche. Dietro la sequenza delle basi puriniche e pirimidiniche, v'è una sequenza di vibrazioni fisiche, di stati vibratori che incarnano essi stessi il messaggio da trasmettere. Ma poi, dietro a quelle sequenze vibratorie v'è lo stato mentale puro, la proiezione mentale vera e propria, che convive con la vibrazione e con le strutture biomolecolari che costituscono le basi puriniche e pirimidiniche in questione.

Dalla volizione profonda dell'ente spirituale si giunge alla manifestazione d'energia o vibratoria, e solo da questa alla manifestazione funzionale biomolecolare. Ecco: le scienze fisiche e chimiche tradizionali partono da qui. E il resto? Non esiste? Cosa viene a monte? Come si è strutturata quella data informazione? Da dove è partita? Non è forse, una informazione, un messaggio mentale?

Ebbene una volontà ha inscritto determinate cose in quel messaggio mentale che è poi il DNA, non certo il caso. Noi non siamo il prodotto del caso, come vorrebbero ancora alcuni "studiosi", ma di un disegno preciso, di una progettualità, come non è un caso se un'automobile si mette in moto e parte, o se non parte. V'è sempre qualcuno che la mette in moto quell'auto, no? Avete mai visto forse un'auto mettersi in moto da sola, e decidere di farsi una bella passeggiata al mare?!

Dunque se l'uomo è programmato nel DNA in un certo modo, è perché qualcuno l'ha deciso e fatto, non per effetto del caso. Né tanto meno di una cosiddetta evoluzione della specie, poiché continuare a credere ad un barzelletta del genere equivale un po' a pretendere di veder volare gli elefanti! Ciò che è inscritto nel nostro DNA è frutto di un'operazione di ingegneria genetica; parliamone, ma scordiamoci la fatalità o l'evoluzionismo.

Molto più seria l'ipotesi di intelligenze extraterrestri che ci abbiano preceduti e abbiano rappresentato in qualche modo i nostri antenati, se non proprio i nostri padri in senso stretto. Possiamo pretendere a tutt'oggi, d'altronde, di considerarci ancora gli unici abitanti del cosmo? Vi sono certamente molti altri mondi abitati, e non si può escludere che civiltà più evolute della nostra ci abbiamo in qualche modo preceduti, popolando questa Terra in tempi assai lontani. Potremmo risultare effettivamente una operazione di laboratorio, perché no, dei cloni e degli ibridi, esperimenti di cui non possiamo comprendere al momento la portata e la storia. Questo è plausibile. Mentre fa sorridere l'ipotesi di molecole che si siano un bel giorno incontrate ed abbiano deciso di generare forme di vita, grazie al concorso di rivoluzioni ambientali, tipo tempeste solari o catastrofi, ecc. Ce le vedresti due molecole che si incontrino al mattino e che decidano di andare a prendere un bel caffè al bar insieme?

Certo, la fantasia dell'uomo non pare avere limiti, quando non riesce a spiegare certe verità in modo quantomeno un po' sensato! Per non dire poi che anche quando parliamo di molecole parliamo di enti chimici, e che degli enti chimici rappresentano un messaggio, un imprinting di energia. V'è un'energia vitale e mentale dietro a degli aggregati chimici, ed una mente dietro ad essi. Tutto il cosmo è una mente, e non aver ancora afferrato questa verità ci priva di una notevole possibilità di comprendere i fenomeni del grande mistero nel quale viviamo.

Non esiste un movimento che non sia determinato da una causa e tale causa è sempre una volontà. E se l'universo si espande e si contrae, anche questo non è frutto del caso, ma di una volontà che in tal senso dispone. Per un gioco forse, un grande gioco universale, ma qualcuno lo decide. Altrimenti non avviene. Un oggetto inerte non decide mai niente da sé! Non si muove da sé. Né si è creato da sé. Tutto è ben congegnato e predisposto, ed al caso vien lasciato ben poco, giusto un margine per il divertimento!

Come può una piccola mente afferrare tutta la meccanica universale, né tanto meno tutta la storia dell'universo? Se una mente è alla radice di tutto l'universo, del macrocosmo, come possiamo pretendere che avvenga qualcosa di diverso nel nostro essere di uomo, tanto più nel nostro microcosmo cellulare? La cellula è una mente, una unità distrettuale delle tante che costituiscono i tessuti e poi gli organi e poi il corpo. E' un fatto di organizzazione, di ripartizione funzionale ed organizzativa in tanti distretti ed in tante unità operative: una cellula è un piccolo essere umano in miniatura, un ente a sé, totalmente autosufficiente. Ecco perché essa è innanzitutto una mente, un'energia vitale e solo in ultimo anche un aggregato di molecole-messaggio, quali quelle che compongono il DNA.

Quell'aggregato può modificare la sua sequenza di basi chimiche che lo costituisce e modificare in tale mondo il messaggio che in esso si reca. Ma questa modificazione deve essere apportata da un'altra qualche forma di intelligenza e di volontà che la operi. Una tal "mutazione" difatti avviene per causa di fattori detti per l'appunto "mutageni", che possono essere dei virus, o anche solo una forte carica di stress.

Si è già detto di come lo stress sia rappresentato da una carica di energia negativa, sicuramente ad azione mutagena. E' una carica a valenza autodistruttiva difatti, ed in se stessa implica una capacità intelligente sia pure a suo modo, in quella sua forma di perversione che aspira solo a distruggere. Ma è una intelligenza, e quindi anche una volontà. Poiché anche qui, quando parliamo di una carica di stress, occorre capire che stiamo parlando di un ente mentale (ovviamente negativo) vero e proprio.

Siamo davanti ad una scienza nella scienza qui, cari amici, una cosa non facile da razionalizzare al primo impatto, poiché abbiamo a che fare con enti psichici che si muovono in un ambiente sotterraneo, occulto se vogliamo, in un mondo parallelo e non visibile se preferiamo. Ma è una realtà che va pur guardata in faccia se si vuol sapere e capire, unica via che permette di risolvere i problemi. Poiché i problemi non li si risolve con le congetture astratte e le teorie, né con l'evitamento e con la fuga, né selezionandoci le filosofie di nostro maggiore gradimento! La verità non sempre è un fatto gratificante e conveniente. Ma alla fine è l'unica che paga e che ci libera, che ci dà potere, che ci dà la chiave che apre le nostre porte e risolve i nostri problemi.

Dunque se diciamo che una grossa carica di stress non è altro che un ente psichico vero e proprio, ovviamente negativo, stiamo forse bestemmiando? Se diciamo che è un'intelligenza ed una volontà autonoma, capace di portarci danno nell'ambito di quel nostro microcosmo cellulare ed a nostra insaputa cosciente, ci scandalizziamo? Beh, ma è la verità!

Esiste un livello di realtà ove essere mentale può essere anche una pietra, cosa da noi considerata comunemente inanimata. Ma inanimata per chi? Per chi non vi vede un'anima! Se un ente oscuro da noi stessi inconsciamente generato è in grado di promuovere autodistruzione (vedi cancro, ma anche tante altre forme di malattia), beh di fronte a che tipo di realtà e quindi di scienza ci stiamo trovando? A quella delle cose che abbiamo saputo vedere e capire fino ad oggi, o a quella di un mondo che dobbiamo ancora esplorare a fondo, un mondo dove anche le pietre potrebbero parlare? In quale dimensione, ovvero in quale grado di conoscenza viviamo insomma mediamente noi?

Se è un ente psichico ed oscuro quello che insidia la nostra salute e con essa la nostra vita, e che abbiamo finito con l'autogererare proprio noi, di fronte a quale medicina ci troviamo, di fronte a quale scienza? E allora: quella ostentata fino ad oggi cos'era, una bella nuvoletta di fumo? A quale medicina dobbiamo prestare orecchio dunque, a quella delle cellule, dei tessuti e della chimica, o a quella dell'anima, degli enti mentali, dei campi di forza e dello scontro di energie in tragica lotta tra di loro per la sopravvivenza?

Abbiamo a che fare allora con un mondo di intelligenze sotterranee, ove anche un fegato è una intelligenza, come intelligenza è altrettanto una forza oscura, un campo elettromagnetico-mentale di caratura autodistruttiva che sta minando da tempo l'esistenza di quel dato organo, stimolando in esso meccanismi perversi e devianti a livello cellulare (epatociti nella fattispecie, o quant'altro), per dare vita poi in modo conclamato ad una qualche forma di patologia, vedi epatosi, epatiti, cirrosi, carcinomi o sarcomi, tanto per rimanere fermi all'esempio-tipo del fegato.

Non scandalizzarti dunque se ti dico che il male è un ente vero e proprio! Un campo di forza ed una intelligenza, una volontà ed una memoria. E non scandalizzarti se ti dico che esso persegue un intento personale, che è lì che si è annidato nel profondo, e fa di tutto per autosvilupparsi a spese nostre, interagendo col nostro pensiero a nostra insaputa, là ove proprio il pensiero è l'energia preziosa alla quale attingere per la sua alimentazione, la sua sopravvivenza, e possibilmente la sua ulteriore crescita.

D'altronde come potremmo noi accorgerci di chi o di che cosa ci sta "utilizzando" e gestendo dal di dentro? Noi riteniamo di essere i soli proprietari della nostra casa, e che tutto quello che avviene dentro di noi a livello di pensiero, come di sentimento, sia frutto solo della nostra testa e della nostra anima. Ed invece...siamo doppi!

Esiste un'altra parte oscura della quale ignoriamo l'esistenza. V'è una miriade di campi di forza e di enti oscuri che convivono con noi, parassitandoci. Tutte energie la cui sommatoria d'azione fa sentire un serio peso sul terminale cerebrale del nostro pensiero razionale, sui nostri stati d'animo, sulle nostre idee, sulle nostre scelte, sulle nostre reazioni emozionali. Che, a quel punto, non sono più le "nostre"!

Capitolo 6

Una terrificante lotta per la sopravvivenza

Quando si arriva a definire un campo elettromagnetico patogeno del corpo come una entità pensante vera e propria, come un'intelligenza inconscia capace di comportare serie e gravi modifiche a qualche organo del corpo se non ad un intero sistema, di fronte a quale medicina si deve ritenere di trovarsi? Di fronte alla classica medicina dei sintomi, delle patologie cellulari e tissutali, delle modificazioni metaboliche e biomolecolari, o non piuttosto di fronte ad una vera e propria "scienza dell'occulto"? Insomma, erano più ignoranti di noi o non più saggi gli antichi quando intravedevano, pur nella genuina elementarità della loro visione culturale, ma direi anche nel loro ardore sensitivo, che un organo potesse essere "posseduto" da qualche oscuro demone? O anche solo quando pensavano che ogni parte del corpo umano potesse risultare una sorta di essere nell'essere, con una sua individualità vitale e di pensiero?
Quantomeno quegli antichi ci avevano visto giusto, nel vivere un organo come un ente a sé, in cooperazione armonica con le

altre parti del corpo, fino a che per la "possessione" operata da un qualche "demone" esso non cadesse in una sorta di anarchia, causando malattia e morte. Una visione affatto lontana da quella che stiamo perorando noi oggi, negli anni duemila. Quei demoni sono i nostri enti oscuri, campi elettromagnetico-mentali animati da nefaste intenzioni per la persona tutta.

Non fa dunque ridere il vedere come la spocchia dell'uomo del terzo millennio, con la sua ostentata sapienza scientifica, si riduca poi alle briciole di una mendicanza di sapere, di caratura spesso assai inferiore a certa genuina cultura popolare, all'antica saggezza dei popoli? C'erano arrivati già prima di noi, ma non erano riusciti a tradurlo in vera scienza, ad estrapolarne il profondo principio motore al di là di ogni credenza. Oggi noi stiamo facendo questo. E questo ci completa. Ma in semplicità, mai in ostentazione.

I farmaci rappresentano dunque dei tappabuchi di superficie, agiscono a livello di facciata, a valle, agiscono sui terminali di una catena di eventi che nasce assai più a monte, nel profondo, ad un livello animico e di energia, non fisico. Dunque in un essere umano si è autogenerato un "mostro", una intelligenza oscura che vuole farla da padrone, puntando all'autodistruzione di tutto quello che può fagocitare, a suo modo. Quella forza è la causa del male, ed è una intelligenza ripetiamo, ancorchè un campo d'energia. Un campo intelligente, per dirla in sintesi.

E' essa forza che sta avendo un'azione destruente su cellule e tessuti, per cui le alterazioni metaboliche e biochimico-molecolari della cellula ed a ruota dei tessuti, quei passaggi insomma sui quali tenta di far leva l'opera dei farmaci in termini di correzione, si svolgono solo a valle, non a monte. La causa primaria del male è in quella intelligenza sotterranea, che proprio perché impossibile da vedere passa inosservata, misconosciuta, disattesa dalla scienza. Ma essa è là, a perseverare nella sua azione destabilizzante e mutagena, distruttiva ad un qualche livello nell'economia cellulare e tissutale di un dato distretto del corpo.

Quello che noi, tradizionalmente, osserviamo scientificamente è giusto il terminale di superficie di ciò che accade in quell'ambiente profondo. E il mostro? Chi lo vede il mostro? E ancora: come si fa a debellarlo, a eradicarlo, ad epurarlo, a stanarlo da dove si annida? Come puoi combattere un tale mostro con delle pillolette che agiscono a valle, in superficie? Tu agisci sul terminale così, ma non vai alla radice.

Ancorchè di fronte ad un'intelligenza, ti trovi davanti ad un campo di energia, che è lo stesso che sta tenendo in scacco tutto il sistema pensante del paziente, come in una sorta di galera inconsapevole. Guardare la medicina da quest'altro lato della medaglia, significa vedervi uno scontro di forze, di energie intelligenti in gioco. E' un'altra medicina questa insomma, una medicina delle energie e delle intelligenze, dei giochi sottili e della coscienza profonda.

Qual è la vera medicina da seguire a questo punto? Quella dei rimedi palliativi di superficie, o quella delle forze profonde in campo, delle intelligenze sotterranee devastanti, giammai riconosciute?

Riuscirebbe a vedere di più, a tratti, un buon padre spirituale che parli di "esorcismo", che non un medico della tradizione! Poiché qua, paradossalmente, di esorcismo si parla. E questo in quanto tu per eradicare quel male devi semplicemente scacciare o quantomeno inattivare una entità pensante ed agente vera e propria. Altro che fialette e pillolette in superficie!

Con quale scienza dobbiamo dunque avere a che fare, per poter avere ragione dei mali più oscuri ed incurabili dell'uomo? Con la scienza dei campi elettromagnetico-mentali, vere intelligenze pensanti ed operanti, devastanti sul nostro essere psico-corporeo, e che fino ad oggi non ha visto nessuno! Per cui è lecito dunque affermare che la scienza medica è anzitutto una scienza mentale vera e propria, una scienza dei campi di energia. Campi di energia che possono essere sentimenti rimossi, oppure anche cariche abnormi a carattere autodistruttivo, enti intelligenti capaci di riprogrammare il DNA, mutandolo, conferendo ad esso nuovi compiti, ovviamente aberranti, non naturali per la cellula. Conferendo a questa un comportamento anarchico, per cui essa inizia in qualche modo ad impazzire, in un atteggiamento autolesionistico che è proprio ad esempio del tumore, un comportamento anarchico e lesionistico nei confronti della società cellulare nella quale essa vive, un comportamento egoistico che tende a mangiarsi tutto il "cibo, sottraendolo alle altre consociate cellule ed affamandole e riducendole in disgrazia, se non proprio divorando alla fine tutto il resto dei tessuti.

Ma un comportamento analogo lo si osserva anche in altre forme di malattia, sia pure con caratteristiche anatomopatologiche e cliniche diverse, come può avvenire in una cirrosi, dove la degenerazione fibrotica del parenchima epatico porta a morte alla fine tutta la parte sana, degli epatociti normalmente funzionanti. Sono vie diverse per un finale simile: la destrutturazione parenchimale di partenza, la sovversione funzionale, la morte dei tessuti buoni, il fallimento di una funzione d'organo, lo scompenso finale di tutto l'organismo. Alla fine la morte.

Ogni malattia ha una storia a sé. Un ictus cerebrale ad esempio ha tutt'un'altra configurazione clinica apparentemente, non così nefasta e mortale come quella di un tumore quando il paziente sia riuscito a superare la fase acuta ed a compensarsi in qualche modo. Ma poi? In che condizioni di vita gli toccherà vivere?

Una persona costretta su una sedia a rotelle è la controfigura di se stessa, di quello che poteva essere prima. La demoralizzazione che consegue ad una condizione del genere si rende responsabile spesso di problematiche psichiche collaterali, di chiaro stampo depressivo, con riduzione dell'efficienza organica a vari livelli del corpo.

E' pacifico che una condizione del genere diventi comunque destruente per il soggetto, anche quando esso sia riuscito a superare la fase acuta del rischio cerebrale, ove l'exitus è immediatamente dietro l'angolo. La vita di quel soggetto si abbrevierà necessariamente, per causa di tutte queste implicazioni psicofisiche, poiché un uomo menomato si sente sempre un uomo a metà, e perde la propria motivazione a vivere, a sfidarsi, ad essere felice.

Anche un ictus ha avuto le sue brave ragioni di stress, ove un'intelligenza autodistruttiva inconscia ha operato innalzamenti della pressione arteriosa di livello tale (tensione nervosa inconscia) da provocare poi la rottura di un vaso, assai spesso a livello della base del cervello (vedi aneurisma del Poligono di Willis) o giù di lì. Anche qui il danno fisico sarà stato propiziato dal danno interiore. Gli organicisti diranno che v'era una predisposizione ereditaria nel soggetto a quel tipo di rottura vascolare, diranno che la dieta era sbagliata, diranno che il regime di fumo era sbagliato e tante altre cose sulle quali potremmo anche concordare. Ma la predisposizione non è la causa scatenante!

E' una grossa carica di stress invece quello che ha causato tutta la tensione interna alla persona, che ha agito poi sulla pressione arteriosa, che in questo caso ha funto da organo bersaglio; il grosso carico di pressione nel sangue ha poi causato la rottura dell'arteria interessata al dramma vascolare, ed il danno cerebrale ne è risultato quale conseguenza meccanica nel corpo. Da cui poi l'interruzione della comunicazione nei circuiti nervosi tra cervello e braccio, o gambe ecc., e conseguente paralisi (emiplegia, paraplegia, paresi, paraparesi, ecc. a seconda del punto di rottura e delle catene di comunicazione nervosa interessate).

Ma l'origine del male a monte è sempre nell'interiore. E' chiaro che se l'uomo riuscisse a vivere in uno stato di serenità permanente, cariche di stress di questo tipo non se ne svilupperebbero mai dentro di lui. Poiché stress è la reazione psichica a stimoli dell'esistenza, di qualsivoglia natura essi siano, vuoi nell'ambito lavorativo, vuoi nell'ambiente familiare, vuoi in ambito amoroso, o nella sfera di interessi finanziari o privati di ogni tipo, insomma ovunque possano avere vita rapporti burrascosi o situazioni portatrici di tensione.

Lo stress nasce dunque dentro, anche là ove la causa potrebbe apparire esterna. Di esterno quasi sempre v'è lo stimolo esistenziale, le situazioni di vita che ci stanno sottoponendo a dura prova, ed alle quali non riusciamo a reagire con positività. Tutto quello che di più negativo sviluppiamo e rimuginiamo dentro è esattamente ciò che essenzia lo stress; quasi sempre sentimenti distruttivi, cariche di rabbia o di odio, generalmente sotterranee, più o meno inconscie, che si accumulano e danno vita ad enti mentali veri e propri. Ed a lungo andare il gioco è fatto.

Tutto il nostro sistema pensante a quel punto è sotto scacco, poiché tali enti negativi tendono a mantenere il nostro sistema di pensiero nel male, nell'ottica negativa ad essi più congeniale, per potersi esse cariche ingigantire ancora di più. Qui nel profondo di noi c'è una orribile lotta per la sopravvivenza, della quale noi non siamo affatto consapevoli. Altro che la medicina della superficie, della biochimica e dei

farmaci! Siamo in una realtà duale in cui il lato oscuro di noi tende a sopravvivere ed anzi ad avere la meglio, a possederci in lungo e in largo, a sopraffarci, a schiavizzarci. Le forze oscure di noi tendono dunque ad automantenersi in vita, ad espandersi, a moltiplicarsi, a predominare. E' la sopravvivenza della specie in pratica.
Abbiamo a che fare con forze intelligenti, che puntano al controllo ed al dominio di tutto il territorio umano, puntano al potere. Ci è difficile in genere guardare la nostra vita in questi termini, ma invece è proprio la realtà. Ci ritroviamo in una continua lotta per la sopravvivenza e non ce ne rendiamo conto, dove le parti oscure vogliono sopraffarci ed annientarci, soggiogarci, e dove l'unica possibilità che a noi resta in mano è quella di contrapporvi altrettante cariche positive, emozioni positive che ci derivino non ultimo anche dal retto comportamento con gli altri e con l'ambiente tutto.
Tutto è soggetto a legge qui, niente è casuale. Per cui il retto comportamento, il comportamento etico e d'amore verso gli altri attira su di noi inesorabilmente benedizioni, vibrazioni positive per dirla in linguaggio più scientifio, vibrazioni di luce, le quali hanno l'inesorabile destino di richiamare a loro volta eventi positivi nella nostra vita.
Se tu asserisci che la vita è una lotta, dunque, tu asserisci il giusto, anche se la vera lotta in fin dei conti si svolge più su un piano sotterraneo che di superficie, sullo scacchiere delle forze contrapposte dei campi di energia intelligenti, dell'uno e dell'altro fronte. Ma per fortuna noi abbiamo molta possibilità di generare forze positive, come appena detto, e possiamo farlo consapevolmente e con metodo.
Io posso svilupparti un'emozione di luce o un evento positivo, e dargli una tale carica di amplificazione che nessun'altra forza oscura potrà resistergli. E' nelle mie possibilità, di uomo concepito in forma duale che ha sì da subire un lato oscuro, ma

che reca in sé anche un'inarrestabile ed illimitata potenzialità di luce. Si configura dunque una lotta tra forze oscure che vogliono destabilizzarci e schiavizzarci ed annientarci, e forze di luce che abbiamo tutta la possibilità di espandere alla massima potenza. E' questa la vera lotta in noi, e tutto quello che si svolge poi alla superficie rappresenta solo il terminale di questa battaglia titanica e sotterranea.

Quando uno di noi sia diventato consapevole di questo gioco di forze e sia riuscito ad assumere il comando cosciente delle proprie potenze mentali positive, allora gli si apre una via vincente, ove le forze oscure ad una ad una saranno costrette a sgomberare il campo. Mi dici tu cosa ne resta di un uomo a tal punto liberato?

Un essere luminoso e vincitore, padrone della sua realtà. Un tale essere può davvero comandare alla propria realtà, e farlo anche in modo automatico, ed essa gli obbedirà, ossia si disporrà al suo volere, al suo superiore intento, lo ossequierà, lo gratificherà. Questo è vincere la battaglia della conoscenza: scacciare gli oscuri da dentro di noi ed acquisire autorità sulla nostra realtà.

Capitolo 7

L'energia come motore per l'analisi delle dinamiche psichiche

Come una forza negativa può re-informare il DNA ad un comportamento abberrante ed autolesionistico, allo stesso modo una forza positiva può re-informarlo ad un comportamento corretto, ovvero al recupero di un comportamento cellulare corretto e fisiologico. Se una intelligenza distruttiva modifica il comportamento della cellula, deviandolo dalla normalità, un'altra intelligenza costruttiva può perfettamente svolgere opera opposta. E' su questo principio che abbiamo fondato la nostra medicina: la generazione di un campo elettromagnetico-mentale di guarigione o di salute.

La vera sfida della malattia e della salute nell'essere umano si gioca dunque a questi livelli di coscienza e di energia: a livello di campi elettromagnetico-mentali, campi che come già visto sono identificabili in altrettanti enti mentali veri e propri, esseri intelligenti che tendono ad autoespandersi ed a sopravvivere, a scapito delle nature di carica opposta. Una lotta infernale quella che si svolge nell'inconscio dell'essere umano, ove sono in gioco fattori quasi sempre non visti, ignorati dalla scienza ufficiale, e magari intuiti giusto dalla sapienza popolare, che spesso è più lungimirante della scienza vera e propria. Certe favolettte, alla fine, hanno invece sapore di realtà.

E questa scienza delle forze mentali rappresenta davvero il futuro, là ove si riesca in un tempo auspicabilmente breve a dare vita a serie collaborazioni di forze tra la mente e l'energia dei generatori fisici. Allora sì che sviluppare forze positive e di luce diverrebbe rapido e proficuo, là ove ora, nella nostra limitazione del momento, ci vediamo invece costretti a fermarci all'uso dei soli mezzi mentali. I quali, detto per inciso, non sono poi poca cosa, quando ben sviluppati e ad arte utilizzati, anche oggi.

E' chiaro che se una radiazione quantica di forte intensità, a valenza positiva ovviamente, dovesse poter penetrare nel corpo di un paziente ed agire sulle sue cellule "malate", le sarebbe agevole e di rapida azione sbarrare il passo alle forze distruttive in gioco, e soverchiarne l'azione, ribaltandone velocemente gli effetti sui tessuti dell'organo malato o del sistema malato. Una tale guarigione potrebbe avvenire anche in una seduta sola! L'entità negativa verrebbe annientata o espulsa, e con essa i suoi effetti devastanti sul corpo e sulla mente, mentre l'entità positiva e terapeutica appena generata ricostruirebbe rapidamente la funzionalità d'organo compromessa, ancorchè il morale della persona stessa, riedificandone il pensiero positivo.

Oggi tuttavia non disponiamo ancora di una simile tecnologia, per cui dobbiamo adattarci ad utilizzare i mezzi mentali dei quali al momento disponiamo. Ed un generatore mentale non ha la forza d'impatto di un generatore fisico, anche se dalla mente pilotato. Ma reca in sé l'intelligenza e la volontà che il generatore fisico non ha.

Sicchè un campo elettromagnetico-mentale puro farà più fatica ad imporre la sua egemonia sull'entità oscura in gioco nella malattia: occorrerà più tempo, ma prima o poi la imporrà. In tale caso si dovrà fare assegnazione su una molteplicità di sedute tecniche di terapia, nel corso delle quali il potenziale di campo crescerà di volta in volta sempre più, fino a raggiungere un giorno quello necessario a controbattere definitivamente il male. L'entità oscura allora è vinta.

E' in quel momento che si assiste a quel traboccamento di energia che può far cambiare gli esiti della terapia anche dopo una sola ed ultima seduta: è il punto critico. Il potenziale d'energia positiva ha varcato il limite di forza necessario a controbattere definitivamente quello negativo.

E' una battaglia di campi questa, non di altro. I terminali fisici qui rappresentano solo gli effetti, non la causa dei fenomeni di malattia prima e di guarigione poi. Quando sia stato superato il punto critico, di non-ritorno diciamo, allora si può ordinare alla cellula qualsiasi cosa ed essa la esegue. Perché c'è l'energia vincente ora per farlo: un'energia tutta positiva.

E' così che è possibile riprogrammare il DNA mutante, o riattivare alla duplicazione quello sano residuo nelle cellule superstiti. Qui siamo di fronte ad un campo sperimentale completamente nuovo ed aperto, ove potrebbe accadere di tutto, e si potrebbe assistere un giorno anche alla duplicazione di cellule dette "perenni", quali i neuroni. Noi riteniamo che il corpo rechi in sé queste possibilità, ma che esse siano state bloccate da una qualche forma di difesa inscritta nello stesso DNA, e che potrebbe essere sempre in qualche modo eliminata.

Perché una cellula neuronale non dovrebbe poter riprendere a riprodursi? Fattori difensivi ed oscuri che ne abbiano bloccato questa possibilità potrebbero venire a quel punto eliminati o scavalcati. Per cui nuovi neuroni potrebbero allora generarsi e con essi nuovi assoni e dendriti, e poi sinapsi e giunzioni neuro-muscolari, di quelle che oggi si considererebbero irreparabili.

Ritengo che una simile possibilità sia legata unicamente alla generazione di forti campi di energia. Per questo guardiamo con fiducia a questa medicina del futuro, nella quale è contemplata una regolare interazione tra la mente e la macchina (generatore elettromagnetico). Al momento auttuale adattiamoci ovviamente a fare quello che possiamo con i soli mezzi mentali, facendo particolare assegnazione magari sulla superiore forza prodotta dalla sinergia operativa di più menti rispetto a quella di una sola mente. Un campo mentale plurale è sempre più forte di un campo unitario, lo si è ormai verificato.

L'utilizzazione di un campo mentale plurale a scopo di terapia su di un singolo paziente è al momento ancora oggetto di ricerca. In tal caso più operatori mentali agirebbero simultaneamente sullo stesso soggetto, generando un campo sintonico ed unitario, e questo per mano di una affermazione mentale operativa unificata, mentre qualcuno a turno si incaricherebbe poi di trasferire al paziente la forza di campo sviluppata, da un lato per la via delle mani (bioenergia), dall'altro per quella della parola (correzione del comportamento psichico).

Molto più agibile tuttavia, allo stato attuale delle cose, è che sia un unico terapeuta a generare il campo di guarigione, che rappresenterebbe poi una entità positiva vera propria, come s'è già detto. Tale entità, tuttavia, prende vita all'interno del corpo-psiche del paziente particolarmente in termini di riposta alla stimolazione verbale del terapeuta (messaggio correttivo e/o di riprogrammazione cellulare). E' dentro al paziente che essa deve nascere e non già solo nel terapeuta. Quello che origina dentro al terapeuta è un campo base d'energia, che deve poi trasferirsi e vivere all'interno del paziente, e diventare una intelligenza operante da esso stesso generata. E perché questo avvenga occorre un messaggio specifico, che ne stimoli la mente a generare quel dato campo di energia.

La forza generata all'esterno dal medico serve insomma da supporto alla reazione interna del soggetto, la quale ultima è ciò che poi diventa l'entità terapeutica vera e propria, della quale stiamo trattando. Tocca al soggetto concepirla, poiché nella sua "casa" vi abita lui. L'azione esterna del medico non sarà sufficiente a sortire effetti di guarigione, se il paziente non innescherà da sé alla fine quella giusta miccia necessaria. La sua reazione è ciò che conta, qualcuno direbbe la sua fede. E non è poi tanto infondato o irriverente un tale accostamento, poiché la fede, ossia la consapevolezza di quello che ci può accadere dentro, la deve guadagnare il portatore del problema (paziente) ancorchè il promotore della soluzione (medico).

Se il medico non fosse già dotato di una tale consapevolezza di base (forza mentale), non potrebbe promuovere un simile processo di energia in favore dell'altro; ma alla fine è nel paziente che deve svilupparsi e completarsi il tutto. I potenziali dotati di efficacia terapeutica, per concludere, sono quelli che si sprigionano all'interno del paziente, non tanto quelli generati a monte dal medico.

Ricapitolando, il terapeuta dà vita ad un primo campo mentale d'energia, e ne trasmette le potenze nel soggetto un po' per la via delle mani, ove la vibrazione si trasduce in bioenergia, un po' per la via della parola, un messaggio correttivo o di riprogrammazione cellulare che mira alla modificazione del comportamento cellulare deviante. E' questa in sintesi la nostra Medicina Bio-Energetico-Mentale, che anela ad innalzarsi un giorno al rango di Medicina Bio-Quantico-Mentale.

Al momento attuale, l'incremento del potenziale di campo utile per produrre le modificazioni terapeutiche cercate nel paziente, si affida esclusivamente ad un numero di sedute quanto più alto possibile. Fermo restando che per casi meno gravi anche poche sedute riescono ad avere ragione del male. Tutto sta anche alla preparazione del medico, il quale non è più un tradizionale prescrittore di farmaci, ma un promotore di campi di forza mentale, ad azione terapeutica. Qua la cura diviene il medico stesso, poiché egli è l'energia di base che promuove tutto il processo.

Inutile dire quanto valore abbia in questo tipo di terapia il rapporto tra medico e paziente, particolarmente là ove il medico non si limiti solo a sollecitare l'assunzione di medicamenti, ma esso stesso diventi il medicamento. Questo rapporto di fiducia diventa anche un fatto psicoterapico, in quanto, lo si ammetta o no, anche qui subentrano fattori di carattere transferale classici della psicoanalisi. Non ultimo poi, nel corso del trattamento, materiale analitico proveniente dall'inconscio è facile che affluisca alla superficie, vuoi attraverso sogni, vuoi anche in termini di libere associazioni mentali, vuoi come immagini o visioni che si autoproducono per effetto della forte spinta di energia.

Questo, peraltro, è ciò che differenzia un processo analitico di tipo freudiano tradizionale da uno come il nostro: proprio la spinta di energia. Lo stesso Freud, d'altronde, in un primo momento aveva fatto ricorso all'ipnosi, per poi abbandonarla, lasciandone il posto ad una pratica rudimentale d'energia nella quale egli toccava la fronte del paziente disteso, essendosi egli accorto che questo favoriva una qualche produzione di immagini mentali e di associazioni nel soggetto. In realtà, senza che all'epoca se ne rendesse ancora conto, egli stava dando al soggetto un impulso di energia proprio a quel modo. Esattamente quello che noi oggi cerchiamo di amplificare alla massima potenza, attraverso una aperta e dichiarata azione mentale mirata a tale scopo.

Noi oggi puntiamo prioritariamente a generare un campo d'energia mentale; a quel tempo Freud lo faceva inconsapevolmente, dando un personale contributo alla causa dell'energia. Egli ritirò poi, successivamente, anche l'uso della mano sulla fronte del paziente, preferendo fare assegnazione sulla sola analisi delle produzioni associative spontanee del soggetto, privando quest'ultimo tuttavia di quella spinta d'energia in più. In tal modo il paziente avrebbe fatto leva sulle sole sue spontanee produzioni d'energia, unitamente a quelle che fluivano liberamente dal vicino terapeuta, una forza complessiva ovviamente ben più blanda, specie in un soggetto di per sé vessato da forti resistenze psichiche, per causa delle quali d'altronde si rivolgeva al medico!

In tutti, d'altra parte, agisce un naturale movimento di energia vitale e positiva, una certa spinta di natura favorevole alla crescita ed alla guarigione. Contrastata tuttavia dalle forze negative, da resistenze tanto più forti quanto preponderanti sono le cariche a valenza oscura ed autodistruttiva nel soggetto. Ma non è la stessa cosa affidarsi a questo naturale gioco di forze, o imporre l'azione di un campo positivo, mirato e possibilmente forte. I tempi di una psicoanalisi tradizionale non a caso sono molto lunghi, mentre non sempre essa garantisce quella eradicazione necessaria. Poiché manca quel potente motore che noi applichiamo alla radice di tutto il nostro processo.

Ma è indubitabile che una terapia fisica finisca sempre poi col diventare una terapia psichica. L'unità operativa psiche-corpo è talmente stretta che facilmente i fatti dell'uno si riflettono sulla sfera dell'altro. Sicché è inevitabile vedere in questa futura figura di medico contemporaneamente anche quella di uno psicoterapeuta. Il medico deve essere l'una e l'altra cosa, poiché sta operando su due sezioni confinanti e confluenti: psiche e corpo fisico.

Non esiste un male che nasca dal corpo fisico direttamente, senza che vi sia un tormento dell'anima (psiche) dietro, lo sappiamo. E tale tormento è un ente oscuro, un campo elettromagnetico-mentale bell'e buono, con la sua intelligenza e la sua volontà (ovviamente distruttive).

V'è pur da dire che quando consegnamo al paziente un bel campo d'energia, e lo mettiamo a disposizione del suo corpo-psiche, egli riuscirà anche da solo in breve tempo a guardarsi dentro, alla luce di quella nuova forza-pensiero positiva che l'energia appunto scatena. Ma si deve anche osservare come un buon aiuto da parte del medico non guasti e possa accelerare quel processo. Se il medico riesce, guardando il tutto dall'esterno, a valutare meglio soprattutto meccanismi di difesa ed atteggiamenti o comportamenti del paziente non troppo positivi, beh aiuterà quest'ultimo a scardinare prima le sue difese ed a trovare soluzioni di miglioramento e di crescita in minor tempo.

Quando il paziente è cresciuto, ha superato i propri limiti, ha colmato le sue lacune, è praticamente guarito. Poiché la guarigione altro non è che una crescita. L'ente oscuro è stato smascherato e smantellato, ed il conflitto scatenante sottostante che lo teneva in vita dissolto.

Ora v'è libertà e soluzione. Ora v'è forza là ove prima v'erano debolezza, incertezza, dubbio, complesso, sofferenza. Ora c'è salute.

Capitolo 8

Il mondo delle false regole

Fin qui la medicina. E abbiamo visto che come un campo elettromagnetico-mentale negativo è la causa della malattia, così uno positivo diventa motore della guarigione. Il male in pratica viene ricacciato indietro per la stessa via per la quale è venuto, una via del tutto naturale, fatta solo di energia, senza necessità di far ricorso a presidi estranei all'organismo, agenti chimici, fisici e quant'altro. Può esservi una medicina più olistica di questa?
Ciò di cui stiamo parlando è insomma l'arte di sviluppo del campo d'energia mentale, senza la quale non vi sarebbe prospettiva di guarigione, né di crescita e di autoevoluzione del Sé. E' una pratica, quella dell'Autosviluppo d'Energia, che chiunque dovrebbe acquisire e poi imparare a gestire da sé, quotidianamente. Un po' quello che hanno rappresentato da sempre le varie forme di meditazione, con la differenza che, come già visto, noi qui facciamo meccanismo puro, non filosofia o teologia o chissà quale altra alchimia teoretica.

Noi non serviamo cause concettuali che non siano il puro meccanismo d'energia. Le disquisizioni e le congetture dottrinali le lasciamo volentieri agli altri! A cosa serve teorizzare che la Terra è quadra, quando essa poi è tonda? Ci si imbarca in un mucchio di stramberie e di errori madornali che condizioneranno poi pesantemente la nostra stessa gestione esistenziale. Il tutto a nostro danno!
Perché inscatolarci con le nostre stesse mani in gabbie di teoria che si ripercuoteranno inevitabilmente poi sull'economia del nostro vivere quotidiano? Poiché ciò in cui tu credi alla fine attiri! Noi finiamo spesso col condizionarci all'idea che determinate cose funzionino in determinati modi, quando poi in realtà non è così. Lo stiamo decidendo noi, non la realtà! E poi? Finiamo col pagare a caro prezzo quelle nostre presunzioni, quei nostri preconcetti. Ci ingabbiamo da soli. E sarebbe intelligente tutto questo?
A noi qui interessa invece il meccanismo vero, lo sviluppo puro d'energia piuttosto, la nostra energia che rappresenta il viatico vero verso la felicità: la forza, la luce, la Verità. Poiché è l'energia ciò che illumina la coscienza e ci fa evolvere su piani di percezione e di sapere, di funzionamento e di potere di caratura superiore, ciò che ci garantisce alla fine libertà e soddisfazione vere.
Tutta l'energia che noi amplifichiamo per noi stessi si traduce automaticamente in introspezione, illuminazione, capacità di leggere meglio in noi stessi, nei nostri limiti, il che ci porta a miglioramenti nel carettere, a maggiori aperture verso gli altri, ci rende insomma più socievoli ed efficaci in ciò che facciamo, più produttivi a vari livelli, ci spinge più facilmente verso soluzioni vere nella vita, verso la soddisfazione, la costruttività, ci allontana piuttosto da ciò che è sporco e improduttivo, menzognero ed ingannevole, perverso, inutile, anzi nocivo.

Noi rifuggiamo da ogni preconcetto dottrinale, poiché può portare solo danno, apportare una parzialità d'interpretazione nella visione di una realtà, fornire un canovaccio erroneo sul quale appoggiarsi, rischiando di veder crollare amaramente nel tempo tutt'un edificio concettuale sul quale ci si era fondati. No grazie! Una teoria è sempre una teoria, un meccanismo scientifico arci-verificato e collaudato è sempre una verità!
Perché tarpare le ali alla verità con i nostri limiti visuali, con le nostre evoluzioni aeree di pensiero, non poche volte funzionali a finalità di lucro, ad una qualche forma di soggiogamento religioso, politico, sociale, o militare?
Quanto al problema della "morale" poi, esso è qualcosa di complesso e molto serio, qualcosa che condiziona da tempo immemore e pesantemente le scelte di comportamento degli uomini, fondandosi su concezioni filosofiche decisamente discutibili, alquanto opinabili. E' tutta umana questa abilità di auto-costruirsi "gabbie" di pensiero passandole per regole sociali ineludibili. Ma fondate poi su cosa? Su quali leggi?
E' così facile dare vita a precetti e divieti, imporre alle masse dei regolamenti passandoli per leggi divine, quando essi di divino non hanno proprio un bel niente, e rappresentano solo degli specchi per le allodole, ottimi metodi per limitare la nostra libertà. E quando a comandare sono i pochi, e ad imporre le leggi ai molti, il rischio di demagogismo si fa alto. Tu puoi manipolare una massa come ti pare, fondandoti sulla sua ignoranza!
E' scottante tema dunque quello della ricerca della verità, che implica proprio ed anche il doversi fare largo dentro ad un labirinto di dottrine false e pretestuose, strumentali, tra le quali quotidianamente ci aggiriamo. E' fatica tutta personale questa, ed è la fatica di una vita. Chi ti dimostra che la tal teoria è rigorosamente esatta? Chi? La potrai verificare solo tu. Personalmente. Sulla tua pelle. E questo è scienza, la tua

scienza, la tua esperienza, la tua sperimentazione! Solo allora sai come funziona quella data legge. E sei in grado di dire se ti avevano preso per i fondelli oppure no. Ma non prima, quando te lo raccontano. Allora no.

La realtà è il nostro vero maestro, ed essa ci insegna ad ogni nuovo passaggio d'esperienza, generalmente così sudato, mai facile. Non v'è nuova acquisizione che sia facile, si deve sempre passare attraverso il dolore, il dolore della prova di una prima volta, di quella nuova prima volta. C'è sempre un nuovo esame, una nuova prima volta. E' inevitabile, in una scuola come questa. La vita. Siamo qui per imparare no? Ma per imparare cosa in fondo?

Ebbene le regole della vita, i processi della mente, i rapporti tra l'atto mentale e quello materiale, tra l'energia della mente e quella della materia, il rapporto tra fantasia e realtà, tra errore e verità, tra visione interna e realtà esterna, il rapporto tra noi e gli altri. Molte cose, in verità. Non è una scuola semplice la vita, e ad ogni salto di energia e di coscienza, di livello di esistenza voglio dire, ci si imbatte sempre in una sorta di mondo nuovo, in una nuova prospettiva interpretativa della meccanica della realtà.

Qui siamo nella relatività, ove la realtà la leggi e la interpreti dalla postazione nella quale sei arrivato. E la tua postazione non è la mia. Sicchè per te potrebbe essere errore o "peccato" una data azione che per me potrebbe non essere tale. E questo in quanto stazioniamo in due postazioni differenti, due visuali differenti, due logiche differenti.

Non esiste una logica unificata. Non esiste una stessa logica per tutte le dimensioni, e tutto dipende dunque dalla dimensione di coscienza e di energia alla quale tu hai avuto accesso, che hai guadagnato a suon di sforzi, di dolore, di esperienze. Poiché il nemico (opposizione di realtà) non te l'ha concessa facilmente, magari su un piatto d'argento: la conquista della verità è una battaglia!

Com'è possibile dunque concepire leggi uguali per tutti, quando noi non viviamo tutti in mondi uguali? Com'è possibile rendere piatto e razionale ciò che piatto e razionale poi non è? Le leggi variano in base al tipo di esperienza, e l'esperienza varia in base al grado di evoluzione (dimensione o mondo interiore o livello di coscienza, che dir si voglia).

A determinati livelli evolutivi può diventare normale, ad esempio, operare cose che ad un livello di coscienza inferiore potrebbe venire giudicato insano, o qualcosa del genere. Poiché è l'ottica che cambia. Se la stessa operazione venisse compiuta da un essere di terza dimensione, egli la finalizzerebbe sicuramente al suo interesse personale, disattendendo gli altri. Se quella operazione la compie un essere di quarta dimensione, già gli attribuisce significazioni e fini più allargati. La stessa operazione, compiuta da un essere di quinta dimensione, assume già uno scopo di bene collettivo.

A parità di forma dunque (azione), può esservi una diversità di sostanza (intenzione). E' il fine qui che fa la differenza. Vivere in una dimensione più alta implica in sé il perseguire fini collettivi, non più individuali. Questo è un esempio di relatività: stessa azione, differente finalità.

Dunque viviamo tutti in uno stesso mondo fisico, eppure non viviamo tutti nello stesso mondo interiore! Siamo così diversi, ed anche per questo forse non c'è poi tanto da annoiarsi! Fino a che non ci facciamo del male però! Poiché le divergenze diventano spesso scontro, spaccatura, odio, guerra e morte. Allora, no. Allora non va bene.

Certo, ad uno che sperimenti la fame, che gli vai a parlare, di cibi raffinati e di chi ha lo stomaco pieno? O ad uno che non capisca lo spirito, vuoi parlare di cose divine? Il primo forse ti strozzerebbe con le sue stesse mani, il secondo magari ti

riderebbe in faccia! Anche se poi tra le cose "divine" ci si aggira tutti i giorni: poiché a guardare bene in fondo, tutto è divino. Solo che quel tale non lo vede: per quello il soggetto da ricovero sei tu!
O ad un ricco nato, che vai a parlare tu di povertà? Egli la detesta e la considera una condizione plebea, da esseri inferiori, da perdenti. Lui è "vincente", sol perché ha ereditato tutto, ha trovato il piatto pronto! Chi viveva certo sfarzo a corte, un tempo, come poteva capire la condizione del popolano, a cui mancava talvolta anche il pane da mangiare?
E' tutto relativo qui: solo chi vive una data esperienza può capirla, o chi l'ha già vissuta. L'altro potrà anche sforzarsi, ma non capirà. Altrimenti non avrebbero messo al rogo fior di santi!
E il pregiudizio è figlio dell'ignoranza. Del non sapere, se preferiamo. Ancora peggio poi le dottrine religiose, sociali o politiche fabbricate ad arte per tenere la gente sotto scacco. E non a caso oggi ci ritroviamo in un mondo di teorie-spazzatura delle quali faremmo meglio a sbarazzarci presto! Ci hanno solo tolto l'aria fino ad ora! Poiché qui la Verità o non la conoscono, o te la raccontano secondo il loro comodo!
E bada che la cosa è seria. Siamo davvero in un grande imbroglio. Poiché chi comanda non ha interesse a dare a te la Verità. Sarebbe come consegnarti il potere. Pertanto ti racconteranno tutto ciò che non è!
Amico mio, tutto il nostro ordinamento sociale è fondato su falsi presupposti, su ideologie ormai morte e sepolte, tenute artatamente in vita unicamente per profitto personale, da parte di pochi. C'è un disavanzo pauroso tra le concezioni sociali tuttora riproposte e l'avanzamento tecnologico ad esempio, non lo noti? Com'è possibile che nell'epoca nella quale l'uomo si affaccia a viaggiare nello spazio a grandi distanze, non si sia ancora riusciti a dare libertà ai vari popoli

di questo pianeta? Com'è possibile che esista ancora chi non mangia e che ci sia chi "mangia" anche troppo? Se tanto ingegno è capace di produrre la prima cosa, cosa gli impedisce di fare anche la seconda?
Una non-volontà. Molto semplice!
Vecchi schemi come la famiglia, il lavoro, il denaro rappresentano una sorta di prigione. Nondimeno la politica poi, che è giusto l'arte del non gestire proprio niente. O il governo dei pochi, che rappresenta l'arte dell'escludere i molti. Tutte cose marce alla radice.
Ci ritroviamo fondati su un sistema vetusto e divenuto ormai perverso anche nella sua gestione. Basti pensare a come l'uomo si ritrovi costretto a lavorare per sopravvivere, per guadagnare del denaro, quando la vita è un dono e tutto ciò che è natura è gratuito e disponibile per tutti. Ma qualcuno se ne è impossessato, se ne è fatto padrone, andando contro la natura. Con quale diritto qualcuno può reclamare la proprietà della natura e dei suoi frutti? E ancor prima, chi glielo ha permesso?
E perché poi affidare al denaro il potere di decidere del valore delle cose, per doverle poi "acquistare"? Perché un essere umano dovrebbe acquistare qualcosa quando la natura è ricca di tutto quello che gli serve ed è disponibile per tutti? Perché poche persone, cosidette "elette dal popolo", dovrebbero decidere delle sorti dei molti?
Sono molte le domande a cui è difficile dare una risposta, e questo semplicemente perché non c'è una risposta: paghiamo lo scotto della nostra miseria visuale di uomini, di una concezione della vita e della società da cavernicoli, sulla quale qualcuno ha costruito la propria fortuna. E' l'uomo dunque qui da rifondare, a partire proprio dal di dentro.
Il sistema è malato? E a cosa serve fare guerra al sistema, se non abbiamo fatto ancora pulizia in noi stessi, chiarezza su chi siamo e a cosa aspiriamo? A che pro fare guerra a chi ha il

coltello dalla parte del manico (mezzi economici, politici, militari e quant'altro), quando non sai ancora chi sei, cosa devi fare nella vita, quando non hai una forza morale da mettere sul campo e da far valere più di una forza bellica? Hai tanta voglia di farti massacrare?
Questa è una guerra dell'intelligenza, non da polli! Il sistema in fondo siamo noi. Poiché noi lo abbiamo permesso e noi lo permettiamo. Non esiste uno che comandi, se una massa non glielo permette, se non intende essere comandata! Dobbiamo solo fare mea culpa dunque, e rivisitare la nostra storia, con tutti gli errori interpretativi e concettuali che ci portiamo dietro, con tutte le nostre debolezze, tutte cose che facciamo un'orribile fatica a riconoscere e tantomeno a superare.
Una parte oscura ci sguazza in questo stato di ignoranza e d'impotenza, è naturale. Essa non chiederebbe di meglio! Ma la controparte siamo noi: e noi cosa le opponiamo? Anzi piuttosto, dove siamo?
Paradossalmente alla fine chi governa è quasi un manipolo di "eroi", di fantocci beninteso nelle mani di un sistema forte e occulto, che si prodigano per fare l'impossibile, arrivando fin dove possono, ma che hanno quantomeno il denaro dalla loro parte. Loro non ci rimettono comunque, mai! in questo prodigioso teatro del denaro, creato giusto dall'avidità dell'uomo! Un sistema perverso, dove quando è il denaro a comandare basta avere quello tra le mani e si può arrivare a comandare tutto! Un sistema dove chi conta è chi più ha, anche se poi sotto sotto è un criminale! Un sistema osceno dunque.
Questo non è il sistema dell'onestà e del merito, ove chi vale è più importante e riscuote di più, ma giusto il contrario: qui i "dritti" sono quelli che derubano e "fottono" i "fessi", cioè gli onesti. Ora, di grazia, chi l'ha creata una tale perversione? Non è un paradosso che venga penalizzato proprio chi dovrebbe

essere premiato e portato ad esempio di virtù? Chi dovrebbe comandare più che essere comandato? Non è mondo all'incontrario questo?

Sicchè ci ritroviamo calati in una società ipocrita e della disonestà, nella quale tutti predicano bene e razzolano male, dove chi è più furbo sopravvive e la fa da padrone, fregandoti magari anche una comunità intera per la quale lavora, e passandosi finanche per un benefattore, politico o quant'altro. La società del furto legalizzato e del nascondimento, della immagine e della falsità. Mentre una massa di pecoroni allo sbando è quella poi che ne fa le spese. La società del cattivo esempio, a tutti i livelli, a partire talora giusto dai religiosi, per non tacere dei politici, o dei finanzieri. Una società ove principi come la coerenza e la serietà, il rispetto e l'amore per il prossimo sono solo specchi per le allodole, ostentati nei discorsi pubblici, ma assai poco vissuti poi negli affari privati.

E quale differenza c'è, a quel punto, tra una cosca religiosa ed una mafiosa? Solo l'abito talare? E sarebbe Dio a conferire di queste "autorità"? O Dio non c'entra proprio niente, essendosele l'uomo accaparrate di suo pugno? Se Dio è equità, è perfezione, come può conferire certe autorità a chi non le meriti? Non ti pare? Egli non può venire inteso come un uomo, come uno di noi, soggetto a sentimenti, soggetto a certi errori, a certa mediocrità valutativa e di pensiero. Quando parliamo di Dio, parliamo del Tutto, dell'insieme infinito delle dimensioni che strutturano l'universo, e dell'anima cosmica che le permea e che le genera, in un continuum senza tempo. Ti pare qualcosa di tanto limitato?

Come potrebbe allora qualcosa di così eccelso e smisurato dare vita ad atti tanto piccoli e mediocri? Ti parrebbe blasfemo dunque ipotizzare che sia l'uomo stesso ad attribuirsele certe autorità, passandole artatamente e puntualmente per opera di Dio?

Non meno di quello che accade con tante religioni, nate solo per mano degli uomini, e con tutte le storture dottrinali del caso, e peggio ancora con i loro abusi di potere. Un profeta o un messia o un grande maestro può essere giunto in Terra con importanti compiti di insegnamento, ma i suoi seguaci e soprattutto i suoi posteri la fanno poi da padrone cambiando letteralmente le carte in tavola degli originali insegnamenti del maestro, stravolgendoli a loro uso e consumo. E' così che nascono le religioni, che quasi sempre col messaggio originario del loro profeta non hanno molto a che spartire!

Religioni che si imbottiscono di false concettualità, dogmi di comodo, più o meno ricamati a tavolino, né più né meno di come si può fare in una seduta in parlamento! Ed intere masse di fedeli ne restano poi per secoli schiavizzate, asservite ad un progetto di potere che con la Verità non ha molto da dividere. Non è forse politica questa? Non è intrallazzo umano?

Questo il mondo in cui viviamo.

Un mondo all'incontrario, ove ciò che dovrebbe venire prima e stare al primo posto viene dopo, e finisce quasi sempre con lo stare all'ultimo! Un mondo nel quale viene bocciato ciò che è giusto e cristallino, e promosso ciò che è sporco e sbagliato. Il tutto nel nome di false ideologie, di fallaci culture, di tradizioni che farebbero meglio a scomparire per il bene di tutti.

Prendiamo il sesso. Se ne fa da tempo un ottimo oggetto di speculazione commerciale, uno strumento per lucrare e non solo nelle fiction a carattere porno, ove la montatura è più che evidente, con donne che spesso fanno finta di godere, là ove esse, su un piano strettamente personale, preferirebbero magari rapporti di tutt'altra fatta! (lesbo, ecc.) Ma tant'è: è il mondo dell'apparenza questo, il mondo dell'immagine! Il tutto per i soldi. Ma è cinema, questo è evidente, con tutta l'artificiosità del cinema.

Ma parliamo piuttosto del sesso vero nella vita, là ove tanta gente si nasconde e fugge da ciò che considera come sconveniente o fonte di imbarazzo. Poiché, all'opposto di certe facili ostentazioni da marketing, nella realtà c'è tanta di quella inibizione e frustrazione che non riusciresti neanche a crederci, non te l'aspetteresti da un mondo del terzo millenio! Altro che evoluzione!
Il sesso è uno degli aspetti più falsati e disattesi della nostra esistenza, specie in una società della competizione e dell'immagine spietata come questa, ove si preferirebbe vendere l'anima al diavolo piuttosto che mostrare al mondo i veri buchi neri e le penosità della propria reale esistenza sessuale! Il sesso ahimè è abusato talvolta anche su un piano personale, là ove se ne ostenta un primario quanto apparente motivo di esistenza, quasi l'hobby preferito, se ne fa gradita esibizione, per occultare poi come in uno specchio per le allodole le lacune abissali e le miserie vere della propria vita.
Per non dire di quei casi ove il sesso è vissuto come droga, una sorta di esorcismo personale alle frustrazioni vere e profonde del Sé, un sesso spinto magari fino alla perversione, ove non v'è granchè di godimento, ma piuttosto sfida, lotta con se stessi, stress, o esibizione. Ove per tentare di godere non sai più nemmeno tu cos'altro inventarti: fruste, punzoni, borchie, catene, piercing, cappi, manichini, animali, e tutto ciò che ti pare! Altro che sesso: una vera fabbrica del sado-maso, se non proprio degli orrori!
Per andare poi a tanti di quei casi che costituiscono la media della gente, ove il sesso è assai spesso represso, mal vissuto o proprio "escluso" dalla lista delle necessità. E questo per causa di inibizioni che provengono spesso da un fatto culturale, frequentemente religioso, con falsi dogmi e convinzioni che bloccano la gente su un terreno che già di suo offre ben poca libertà. O anche per causa di traumi subiti dalla vita,

esperienze penose che inducono la gente a metterci una bella pietra sopra a tutto ciò che è amore fisico, sputando ferocemente contro l'altro sesso, e stampandoci sopra giusto la parola fine.

Storie talvolta di violenza, se non fisica anche solo morale, che lasciano un solco profondo e difficile da colmare verso i partner di sesso opposto. E' così che la gente si allontana da se stessa e dalla sua pulsionalità sessuale, e che sancisce la fine di un'era quanto a rapporti intimi con l'altro sesso.

Tutto questo, tuttavia, non appartiene all'ottica del corpo: poiché esso non ragiona così!

Quando parliamo di sesso parliamo di amore fisico, una forma di amore che può essere manifestata e vissuta nei modi più svariati, più o meno sentimentali o più o meno animali, secondo i personali canoni predominanti. Ce ne potrebbe essere per tutti i gusti e perché no le fantasie, ma il fatto è che poche volte riusciamo qui ad esprimere i nostri veri gusti, compressi come siamo da fattori di carattere ambientale, culturale, educativo, traumatico, condizionati insomma da una miriade di variabili che ci spersonalizzano, ci inibiscono, ci impediscono la libertà di essere noi stessi. Insomma la società ci opprime, specie in un terreno tanto delicato, con tutti i suoi precetti, i suoi divieti, le sue tradizioni, i suoi giudizi morali. Non ci aiuta. Giudica e condanna più che altro. Altro che terzo millennio!

Il fatto è che la pulsione sessuale è una forza animale che non può essere repressa, né tanto meno controllata all'infinito. Essa va accettata e rispettata. Amata direi, perché fa parte di noi, non bocciata e malgiudicata.

Uno che voglia darsi in modo regolare e giusto della gioia sessuale non va considerato un "porco", ma piuttosto un tipo onesto, in quanto ammette apertamente e con coraggio le proprie necessità naturali. Una donna che desideri essere amata da più uomini, non dev'essere giudicata una "puttana", ma una donna esuberante che ha l'onestà ed il coraggio di reclamare la sua gioia di donna. Eppure a tutt'oggi riusciamo ancora a giudicare da medioevali!

Quanto poi a coloro che pretenderebbero di "sublimare" la loro natura inferiore in superiori atti artistici o mistici o quant'altro, beh, vallo a raccontare al loro corpo, che non farà certo sconti quando si tratterà di presentare il conto dei suoi bisogni animali repressi: esso non ti benedirà, ma ti rifilerà una bella malattia! Sì, in teoria tu puoi anche arrivare a trascendere totalmente la tua natura umana, a diventare pura vibrazione soprannaturale. Ma il problema è: farai in tempo ad arrivarci, o il tuo corpo ti avrà "divorato" prima di quel tempo?

Se tu non alimenti il corpo, se non gli dai ciò di cui ha bisogno, tutte le cose di cui ha bisogno, esso ti stronca! Non puoi barare col tuo corpo. E' una forza animale divorante. Il miglior modo per trascendersi è dunque quello di "dare a Cesare quel che è di Cesare, e a Dio quel che è di Dio"! Tu prima alimenta il corpo di ciò che ti chiede, e poi esso ti concederà di farti fare ciò che vuoi! Così sali di frequenza, non con lo scontro frontale!

Se è per questo tutta la nostra natura umana dovrebbe alla fine essere trascesa, in favore di equilibri che noi diremmo divini, o comunque di una caratura superiore. Ma può essere un punto di arrivo questo, non di partenza. Ma all'inizio, e durante il tuo percorso?

E' pacifico che se la forza sessuale preme dal profondo del corpo e della psiche con notevole pressione, essa esiga di essere ascoltata e soddisfatta. Quando questo non accade è altrettanto pacifico che si venga a creare uno squilibrio di energie che diventa negativo e tormentoso, e favorisce a livello della mente psichica spinte di pensiero aberrante e disturbante. Da qui tutte quelle manifestazioni di ansietà, di nervosismo e di

parossimo di pensiero, di nevrosi che poi degenerano inevitabilmente in amplificazioni oltremodo negative, e nella genesi di forze oscure. Il resto lo sappiamo già, e non è neanche il caso di ripeterlo.
E' malattia.
Poiché come tu hai problemi di malattia se non mangi o se non dormi, così ne avrai se non fai l'amore come il corpo e la mente ti richiedono. E questa cosa, che noi tanto tendiamo a legare all'unione perfetta di una coppia, non è affatto poi legata ad una vita di coppia ed all'esistenza di una coppia. La forza sessuale è una forza animale, che non guarda a queste cose!
Il maschio ha bisogno di una femmina e la femmina ha bisogno di un maschio, che debbono poter rientrare tuttavia quantomeno in rispettivi ambiti di gusto tipologico, almeno in linea di massima. Il soddisfacimento della pulsione sessuale non richiede in fondo molte cose. Tutte le altre cose poi tendiamo a mettercele noi, per effetto delle nostre culture di provenienza. Molte delle quali sono così restrittive da creare divieti, limitazioni delle scelte e del comportamento che si riveleranno alla fine solo anti-salutari, cioè contro natura.
Come può una legge morale andare contro natura? Che razza di legge morale sarà mai? Ma chi l'avrà stilata poi? Quale "artista" del popolo? Spesso difatti si tirano in ballo fattori morali che col sesso invece non hanno molto a che spartire! Vogliamo moralizzare il sesso, un atto di natura?
Di queste leggi-fantasma amiamo tanto nutrirci noi uomini? Norme cariche di immaginazione, ma mirate ahimè a generare malessere invece che benessere, a limitare la nostra libertà. Ed il sesso è uno dei siti più vessati della nostra esistenza.

Capitolo 9

Il copione dell'ipocrisia

Abbiamo costruito tanto di impalcature teoriche su questa storia del sesso, fatte di matrimoni, di famiglie, e di tante altre di quelle cose inutili, che ci hanno letteralmente sepolti sotto delle macerie ormai da secoli. Siamo davanti a tradizioni antiche, pur rivisitate nel tempo, ma oggi certamente insufficienti, un gravame che ci condiziona ed impedisce non di poco. Non se ne sono trovate ancora di migliori e di più buon senso!
Ed il nostro ordinamento sociale poggia parecchio su tali antidiluviane concezioni, sull'amore di coppia che diventa famiglia, sui figli, sul lavoro, sul denaro, anche se poi oggi a ben vedere le famiglie le vedi spesso ridotte ad un concetto di brandello, i figli vanno allo sbando, di lavoro non ne trovi neanche a pagarne a peso d'oro, e quanto al denaro, beh...pare essere diventata materia per eletti! A cosa assistiamo insomma? Al crollo di quei vecchi cosiddetti "valori". Qualcuno dirà, e questi sono i tradizionalisti, che la causa di tutto questo sta proprio nella perdita dei "vecchi valori": ma è così difficile intravedere che si sta attuando invece un giusto repulisti proprio dal passato, una rivisitazione che la storia sociale e

planetaria ci sta ormai decisamente imponendo? Quei "valori" hanno fatto evidentemente il loro tempo, né più né meno di come la monarchia l'aveva fatto in Francia al tempo di re Luigi XVI.
E' tempo di cambiare dunque.
Un tempo gli ospedali psichiatrici erano pieni di gente "scoppiata" per causa di tanti di questi impedimenti, favoriti proprio dalla società, i più sensibili ovviamente, i più vulnerabili all'ingiustizia sociale. Oggi quegli ospedali sono stati chiusi, ma i casi di "follia" sono paradossalmente aumentati. Il "folle" te lo ritrovi ovunque, in autobus, per strada, sul lavoro, nelle scuole, anche il più quieto e insospettabile, pronto a farti una strage, o anche solo ad urlare da matti mentre cammina o corre. Perché è scoppiato quello? Non c'è un perché apparente. Ma ce n'è uno cubitale e inapparente.
Assai spesso è perché quello è stato rifiutato, da chi gli vive attorno, da chi gli nega considerazione e affetto, da chi gli nega amore fisico, da chi gli ha voltato le spalle anche per futili motivi. In questa società ove non si ha pazienza, amore, comprensione. Ove v'è disprezzo ed egoismo, come se la via dell'egoismo fosse poi quella che paga davvero! In questa società egoista che alla fine è una società perdente. Poiché l'egoismo è perdente, è solo un'illusione di vittoria tutta personale.
No. Non esiste mai una vittoria personale che sia vera: una vittoria è tale solo quando passa anche per quella degli altri. E per passare per quella degli altri dev'essere "servizio". Quella è una vittoria vera, e stabile. L'egosimo è illusione.
E questa società fonda troppo la sua ideologia sull'egoismo. E' una società di perdenti, non a caso sadicamente e massimamente sfruttata da chi sa seriamente utilizzare a far

male l'esercizio del proprio egoismo! E chi comanda quali insegnamenti vuoi che ti dia?
Siamo in un plagio totale.
Se il sistema nel quale vivi ti dice che certi comportamenti sono sbagliati, tu vieni gravemente inibito ad averli e ti guardi dall'averli, per non essere additato come un "fuorilegge". Immagina nel sesso, dove le inibizioni e i pregiudizi pullulano a vista d'occhio, data la delicatezza dell'area e delle innumerevoli variabili in gioco che la contraddistinguono. Ed ecco che un soggetto può risultarne facilmente inibito o bloccato, là ove già di suo non presenti complessi di fondo a tutto ciò predisponenti. E' così che un tale già inibito viene condizionato dal mondo in cui vive.
Il mondo del giudizio.
E' così che ne viene fuori una sorta di paralisi mentale, che finirà poi col riflettersi inevitabilmente su tutte le altre sfere della vita psichica, con grave sofferenza, in alcuni casi fino alla malattia mentale vera e propria. Non va sottovalutato il peso della sfera affettivo-sessuale: essa grava non poco sul bilancio complessivo della vita della persona umana, premendo impalpabilmente dal profondo. E' l'area meno appariscente, ma poi la più ficcante. Il grosso delle problematiche psichiatriche parte sempre da essa. Poiché è assai facile poi che, su di un terreno dell'eros squilibrato, attecchiscano e proliferino conflitti e complessi della più svariata natura, dalle fobie alle ossessioni, ai deliri di persecuzione, alle allucinazioni: sul non-amore si accrescono più agevolmente tutte le altre problematiche da non-amore!
Non siamo in un mondo capace di accogliere e capire, che aiuti chi ha qualche personale debolezza, ma in un mondo che affossa chi non è "competitivo". Nel mondo dei lupi, non puoi permetterti d'essere una sprovveduta pecorella! E' il mondo delle regole imposte e della spersonalizzazione. Quasi un

mondo di automi. Tu sei quello che il sistema t'impone, non ultimo grazie ai suoi mass media che tutto trasmettono tranne che vera cultura. Di te, di ciò che sei veramente, dei tuoi bisogni e della vera via per realizzarli, non te ne parleranno mai! Né gliene frega un accidente!

Ti hanno imposto una certa morale sociale, dei luoghi comuni, dei crismi religiosi, politici e quant'altro, tutte cose fatte ad arte per negare la tua vera libertà, per imbalsamarti. Quando tu vorresti essere tutt'altro, pensare in tutt'altro modo, vestire in tutt'altro modo, mangiare in tutt'altro modo, amare fisicamente in tutt'altro modo. Ma questa società non te lo permette. Se vuoi sopravvivere, devi assoggettarti a tutto quello che essa ha già impostato: altrimenti niente denaro, niente cibo, niente casa, niente credibilità sociale, niente di niente!

E questa tu la chiami libertà?

Sarebbe questo l'uomo del duemila? E da un mondo simile vorresti la felicità? Da un mondo nel quale si preferisce fare la guerra anziché l'amore? Dove si finanziano le guerre e le si cerca per accaparrarsi più petrolio, più materiali, più risorse naturali, più denaro, più potere? Un mondo dove, se tu dichiari di preferire voler fare l'amore, ti prendono quasi certamente per un "porco", e sei fortunato se non ti sbattono in galera, come fecero con Wilhelm Reich!

In fondo, se l'amore non riusciamo neanche a capirlo, figuriamoci poi a farlo!

Sicché all'osservazione del medico giungono spesso patologie di chiara indole sessuale. Cos'altro credi che siano d'altronde certi fibromi uterini della donna o certe patologie metrorragiche, o certe forme di tumore al seno, o di patologia alle ovaie? Quasi sempre si ignora la vera natura celata dietro a tali forme, generalmente guardate solo dal loro versante fisico, mentre una donna si sta magari fustigando inconsciamente, accusandosi di poca femminilità o di non concedersi la giusta soddisfazione sessuale, o accusandosi per non essersi concessa la maternità.

Queste forme di autoaggressione inconscia diventano sentimenti distruttivi così potenti da dare vita ad enti mentali oscuri, che trasmutano la fisiologia dell'apparato femminile in patologia, ad un qualche livello. E' così che funziona, e tutto questo perché nella donna c'è una colpevolizzazione inconscia, un'autoaccusa, più spesso legata al fatto di non concedersi la soddisfazione sessuale che vorrebbe (o amorosa se preferiamo). L'animale umano dell'inconscio non fa sconti, esso reclama il suo diritto. Esso non sta a fare tutti i bei discorsetti pseudo-morali di superficie che facciamo noi, giochetti atti più che altro a privarci della nostra gioia, attraverso quella miriade di divieti che questa nostra società è riuscita ad inculcarci ben bene nella testa. Se vai a vedere, è più quello che non si può fare di quello che si può fare!

Il mondo dei divieti e delle censure.

Il piacere sessuale è diventato negazione, e pur dicendoci oggi più evoluti, anche se in tanti casi cè più che altro esibizione o proprio strumentalità nel mondo del sesso, non si vede poi nella gente comune tutta questa disinibizione così tanto sbandierata. Altro che terzo millennio! In questi aspetti in molti ragionano ancora come nell'ottocento, quantomento nel segreto di se stessi, anche se poi fuori ti ostentano tanto modernismo, ma solo di facciata. E' ostentazione culturale, non un vero vissuto di libertà e di amore.

Non c'è affatto libertà nell'uomo medio, uomo o donna che sia. Spesso v'è paura, imbarazzo, rifiuto, complesso, nascondimento, inibizione, fuga. La sessualità, per causa di questa parossistica e forzosa libertà sociale di facciata, e di una reclamata parità di diritti, è diventata il peggiore punto di incontro forse tra i due sessi, un punto di scontro direi, più che altro, di lotta e di sofferenza. C'è poca libertà, pochissima, anche là ove si vorrebbe ostentare il contrario. E conseguentemente poca gioia.

La gente è repressa, là ove non te lo direbbe mai. Non sa più nemmeno cosa sia un orgasmo, poiché non può esservi orgasmo quando si è avari con se stessi, quando domina il non-amore verso di sé come verso gli altri, quando si è chiusa la porta al mondo e ci si è arroccatti all'interno delle proprie fortezze difensive. In un mondo in cui dominano la competizione e l'odio, una vecchia storia di lotta tra i due sessi, ove la donna cerca ancora la sua giusta rivalsa sociale, e l'uomo si vendica togliendole l'antico rispetto, ove c'è avversione e invidia, puoi aspettarti forse libertà, e tantomeno piacere, godimento, gioia?

Disinibizione sessuale, godimento pieno e leggiadro di un amplesso? Sono cose che ti mostrano nei film, e che solo a pochi è dato di vivere realmente! Poiché tutto questo presuppone una libertà che dentro alla gente mediamente non la trovi. Nella gente mediamente c'è non-amore, paura, risentimento, avarizia, rabbia, odio. Tutto l'opposto della felicità. E' dentro il vero fulcro: è sempre lì.

Come puoi godere del tuo corpo se non ti ami? E come puoi fare godere l'altro se non lo ami? Quante coppie recitano solo una gran bella farsa di perfetta integrazione, quando in esse domina l'ipocrisia. Non c'è scambio, non c'è intesa, non c'è comprensione, non c'è sincerità. L'una dice di amare suo marito ma le piacerebbe un altro tipo di uomo. L'altro dice di avere per le mani una donna favolosa, ed invece non è neanche il suo tipo! Ma a chi lo vanno a raccontare? Ormai non si toccano da mesi. Ma va tutto bene! Va tutto molto bene! L'ipocrisia tocca forse il massimo nel sesso. Ove è facile fingere, ove è facile bluffare. Ma quanta gente invece vive l'ombra di se stessa, e non ha il coraggio nemmeno di mettere

il muso fuori casa, figurarsi ad accoppiarsi con tizio o con caio. Nel mondo in cui non ci si fida più l'uno dell'altro, quanto vuoi che ci sia scambio vero? Tanto meno fisico. Molto poco e solo di facciata. Mentre il sesso è scambio vero e molto più di quello che spesso noi dipingiamo come sentimento d'amore, e che assai spesso non è poi tale tra i due di una coppia.
V'è molta falsità in questo genere di cose. Favorita da un sistema falso già nel midollo, che vive solo per defraudarci già da quando ci alziamo alla mattina, fino a giungere a sera quando ci corichiamo, e ancor prima già da quando nasciamo. Un sistema fraudolento che ci ha rubato l'anima con la sua cultura del non–essere, della non-cultura, della bugia, del furto, dell'inganno già a partire da chi ci governa. E l'esempio fa molto male quando non è buono.
Ebbene questo sistema culturale affettivo e sessuale ci ha portati ad un allontanamento da noi stessi, ancorchè dagli altri, ad una chiusura ermetica dell'uno con l'altro, alla diffidenza, alla paura. Stiamo lì, tutti bloccati, arroccati nei nostri castelli di carta, all'erta, guardinghi. Mentre siamo malati, e non abbiamo il coraggio di dirlo neanche a noi stessi!
Poiché la violenza che assorbiamo ce la portiamo dentro e si riflette inesorabilmente sul nostro rapporto con gli altri. E qui molto è violenza. Anche il non dare amore in fondo è violenza. E' violenza già il negare, anche la cosa più semplice ma per noi vitale come una carezza.
Il mondo del non-amore.
Ed eccoli qua poi gli effetti. Ce li portiamo tutti stampati dentro. Figurati poi il rapporto tra i due sessi, che razza di ghetto di schermaglie e di rifiuti possa essere! C'è una caterva di problemi tra uomo e donna, altro che bei filmini d'amore, creati ad arte solo per commuovere o per arrapare, ma che sono solo fiction!

Eppure se ne parla poco. C'è tanta mondezza in giro, ma se ne parla poco. Si evita di toccare certi tasti dell'intimità. Ma non solo nel privato dico, ma soprattutto a livello di conoscenza scientifica e di cultura popolare. Perché non parlare seriamente di questo mondo sommerso così carico di implicazioni per la nostra vita? Perché non dire come funziona veramente, di che cosa noi abbiamo bisogno, e che cosa questa società ci nega? Probabilmente perché chi dovrebbe farlo non lo sa, oppure perché non ha interesse ad affondare il dito nella piaga. Probabilmente si ha interesse a mantenere lo stato di cose così com'è. Funzionale al caos, allo scollamento tra noi stessi e gli altri, alla schizofrenia di una intera società.
E' questo che si vuole?
Insomma, chi ci ha cacciati in questo sistema dell'imbroglio e della spersonalizzazione? Chi ci sta tenendo da anni in questa prigione fittizia di falsi ideologici, di menzogne teologiche?
Sono state costruite fior di "verità" assolutamente inesistenti, grazie alle quali tanta gente viene incanalata a vivere e ad indentificarsi in concezioni disumane, che poco o nulla hanno a che spartire con Dio, per poi essere giudicata nelle varie chiese, spesso condannata ed in passato anche arsa viva al rogo! Verità che non provengono da Dio, ma costruite ad arte dalla perversione umana, strumentale a certi scopi.
Così si assiste allo sfacelo causato da certe religioni. Esse dovrebbero avere almeno il coraggio di chiudere i battenti, non dico di chiedere scusa a tutti coloro che hanno fino ad oggi offeso e danneggiato! Quanto danno hanno prodotto fino ad oggi certi dogmatismi, mentre quel po' di costrutto lo si deve solo a certi eroi della fede, padri spirituali e maestri di verità che si sono sobbarcati sulle loro spalle imprese ai limiti del possibile, spesso da soli, dando serio esempio di prodigalità e di amore per gli altri. E che sono stati spesso vessati poi

proprio da quel sistema religioso e di pensiero in seno al quale professavano!

Il mondo dei paradossi! Non fa un po' ridere? Lo vedresti meglio come giardino zoologico o come circo equestre?

Così, in nome del peccato, tanta gente non osa nemmeno pensare alla possibilità di aprirsi un varco ad un'altra relazione, che non sia la sua fatiscente ma pur "seria" relazione coniugale. E perché mai? Perché questa società giudica, e forte di determinati "insegnamenti" ha deciso che si può vivere solo in un ben preciso modo: tutto il resto è oltraggio, è libertinaggio, non è serietà!

Ci si sposa, in modo serio e possibilmente in chiesa, si mettono al mondo dei figli, li si "educa" secondo i "santi precetti religiosi", si lavora per mangiare e per mantenere la famiglia, giusto qualche "svago", intanto si invecchia, magari ci si ammala, e... il gioco è fatto. La vita è tutta qui!

Ma a te sta bene? Tu ci provi gusto davanti a questa prospettiva? Ti appaga veramente? Ti attizza da morire?

Tutta qui dunque la sfida di un essere umano! Una vita piatta e preconfezionata dal sistema! E l'inventiva? La creatività? La tua personalità? Cosa è divino in fondo veramente se non la tua creatività, la possibilità di esprimerti su livelli di pensiero e di azione differenti, non già prestampati, di una costruzione completamente personale, e non necessariamente confomata e di sistema?

L'esistenza non è qualcosa di inscatolato e già confezionato a monte, lasciata in gestione nelle anguste mani degli esseri umani. E per fortuna! V'è molto di più dietro di essa, molta più possibilità. E noi siamo qui giusto per scoprirla, ed attivarla nello scoprirla. Ma c'è molto di più.

Poiché la creatività vera non è di natura umana! Essa è la vera scintilla divina! L'esistenza umana è un libro aperto che sta a noi imparare a leggere, se non proprio a scrivere di nostro pugno, guidati dalla superiore pulsione divina per l'appunto. Ed è qualcosa di diverso, di variabile, non di stantio ed unificato per tutti, qualcosa di avvicente proprio per questo. Non sai mai dove ti porterà. Non c'è proprio niente di scontato nella nostra esistenza! Tutto è possibile e tutto può non esserlo, ma dipende da noi, dalle nostre aperture mentali!

E cosa c'è di affascinante in una vita scontata? Di cui tu conosca l'inizio, il percorso e la fine?

Gli uomini sono quelli delle cose scontate, Dio no. Non è Dio che decide queste cose. Lui, per fortuna, è troppo al di là di queste nostre scatole ideologiche della morte! Certa miseria concettuale, teoretica ed esistenziale l'abbiamo impostata solo noi. E ce la subiamo. E chiunque osi sollevare il capo da sotto a questo mucchio di immondizia viene giudicato reo, reo di diversità, reo di rivoluzione. Un pericolo per la società!

Analizziamo ora la famiglia. Lo schema della famiglia è uno schema imposto dalla tradizione. Ma in una civiltà evoluta certe cose potrebbero funzionare differentemente. Vediamo. Un uomo incontra una donna, tra i due nasce una certa attrazione ed un certo sentimento. Così essi hanno un incontro ripetuto ed intimo. Alla fine per reciproco piacere decidono di vivere assieme. Ecco, questa situazione non verrebbe considerata "matrimonio". Non esiste un matrimonio, ma solo l'unione di fatto tra due esseri adulti e consenzienti. Un'unione che potrebbe durare anche una vita, ma che potrebbe anche finire da un momento all'altro.

Non vi sono qui contratti da rispettare, obblighi, se non quello di rispettare umanamente l'altro ed eventuali regole che i due conviventi decidessero di voler applicare, quale quella ad esempio di non avere rapporti con altri partner occasionali, o al contrario quella di poterne avere. Qui il contratto in senso morale è quello che stipulano tra loro i due conviventi. E che

non decide per loro una società! E quello rappresenterà la loro legge.
Nessuno può imporre qualcosa dall'esterno: la vita dei due rimane un fatto privato, almeno fino a questo punto.
Vi sono quelli che, pur convivendo, scelgono di poter avere rapporti anche con altri partner occasionali. Vi sono quelli che scelgono per la "fedeltà", per tutto il tempo della loro convivenza. E' solo una questione di scelte tra di loro. Se dall'unione dovessero nascere dei figli, essi verrebbero mantenuti ed educati dai due genitori naturali, anche qualora i due dovessero decidere di allontanarsi, ossia che la loro relazione sia finita. Un po' come accade anche adesso.
Entrambi, anche se lontani tra loro, provvederebbero al mantenimeno dei loro figli. A meno che non vengano istituite ideonee strutture educative che provvedano di base all'accoglienza ed all'educazione dei bambini di genitori separati. Un tipo di "istituzione di Stato" che al momento ad esempio non esiste. Sarebbe una cosa normale, al pari di un normale orfanotrofio. Con regolari visite da parte dei loro genitori, che non farebbero mancare in qualche modo la loro fisica presenza, sia pure saltuariamente. Non esisterebbe più qui il modello-base della famiglia, che ha ispirato secoli e secoli di storia.
Modello che non sempre ha dato solidità morale e psicologica. Basti pensare a quanti separati esistono ormai da tanto tempo, e basti pensare soprattutto a quante famiglie squinternate sono in giro, pur nel rispetto di una tradizionale concezione! Famiglie dove sulla carta si predicavano determinate forme di moralità e poi nei fatti se ne praticavano delle altre, con i figli spesso consapevoli e succubi di certi "tradimenti" interni (la madre con un altro, la sorella con lo zio, il padre con la figlia, ecc.). Un po' come un prete che parli tanto di Gesù e poi pratichi della candida pedofilia!

Dire che la famiglia sia il modello fondante della società è dunque dire solo una grande bugia. Non ci sono modelli fondanti della società. Molto meglio anzi che non ve ne siano! La sovranità è e deve restare un fatto individuale.

Si possono concepire tutt'al più aggregati di convivenza di percorso, anche molto lunghi o duraturi, ma potenzialmente sempre liberi e reversibili. Non c'è nulla di irreversibile e di eterno su questa nostra Terra. Tanto meno un rapporto tra uomo e donna, che fondandosi su variabili così effimere (attrazione fisica, momenti di magia emozionale, compensazioni psichiche, ecc.), può sgonfiarsi da un momento all'altro!

I rapporti più resistenti al tempo sono quelli di natura più sottile e più profonda, ciò che tradizionalmente definiremmo "spirituale". Ma si arriva, in tali casi, a parlare più di un rapporto tra un fratello e una sorella che tra due amanti. Una passione difatti può passare, ma un profondo legame spirituale no.

In questa attuale società dell'ipocrisia, invece, siamo costretti a fare carte false per poter avere un altro partner quando con il nostro di partenza siamo in crisi, quando non cè più con il nostro lui o la nostra lei neanche un filo di passione e quando un altro uomo o un'altra donna siamo costretti a sognarceli giusto di notte! Sarebbe questa della sincerità?

O la nostra vera libertà?

E' allora che sviluppiamo malattia. Ove scontiamo tutti i nostri "peccati", che sono poi solo quelli della stupidità! Ma quali peccati in fondo? Soprattutto quello di essere insinceri con noi stessi.

Di chi la colpa a questo punto? Di una società che ci ha costretti a scelte di vita forzate e innaturali, false e spersonalizzanti. Di una società dell'ipocrisia e della sofferenza, della malattia e della morte. Delle regole morali e religiose da capestro.

Poi finiamo dal dottore: v'è qualcosa che non va nel nostro corpo!

Ma che cos'è che non va veramente?

Capitolo 10

La nuova cultura del sesso

Sicchè vorremmo ancora trattenerci in questo delicato tema dell'amore umano e del sesso, visto che esso miete molte vittime e che molta parte della patologia, pur non riconosciutamente, attinge proprio a questo delicato fronte. Sembrano lontani i tempi di Freud, fine ottocento-inizi novecento, quando egli osservava giovani donne per lo più afflitte da problemi fisici spesso anche abbastanza insidiosi e invalidanti, quali cecità o paralisi di arti, eppure siamo lì ancora ad oggi ad osservare casi che, sia pure in forme talvolta meno eclatanti, un po' per via della cultura, attingono purtuttavia alle medesime cause del passato: la sfera affettivo-sessuale.
Potrà apparire incredibile, eppure dopo tanto tempo, quando l'uomo si aspetterebbe di ritrovarsi ad un livello più evoluto di pensiero e di coscienza, ci si imbatte ancora in analoghe situazioni psicofisiche, particolarmente quando si tocchi la sfera della sessualità. Quasi sempre all'epoca si trattava di sentimenti rimossi, se non proprio di traumi nei quali la

sessualità, questo terreno così scandalizzante, la faceva da padrone, con donne che finivano col somatizzare problematiche di chiara natura sessuale, col reprimere le loro pulsioni inconscie, scaricandole nella sfera del corpo e nel sintomo fisico.

Freud, nell'osservare questa ridondanza di casi, non ebbe dubbi sul grande "ascendente" che la sessualità dovesse avere sull'essere umano. Fu così che volle definire "Libido" tale forza profonda, allargandone in seguito il concetto a quello più ampio di "Eros". Gli uomini probabilmente a quel tempo soffrivano meno certo tipo di patologia sessuale, per il fatto di avere più possibilità di dare sfogo ai propri impulsi, salvo rari casi, e questo in quanto quella società era prevalentemente maschilista, ove al "maschio" erano concesse certe licenze nella sfera dell'eros che ad una donna culturalmente non sarebbero state perdonate.

In quei casi di "isteria" corporea, come la chiamava lui, Freud osservava dunque quasi sempre delle donne, le quali più di tutti evidentemente pagavano socialmente un dazio culturale alle loro voglie inconscie, ai loro desideri repressi, alle loro smanie sessuali, traducendole in sintomo, e spesso più per autopunizione. Complice in genere una cultura religiosa schiacciante a quel tempo, che vedeva nel "peccato sessuale" forse la radice storica (biblica) di tutte le colpe. Sicchè quelle poverette soffrivano nel corpo atroci disturbi per causa di tanto strazio culturale, di tanta repressione. Ci pensate? Questo può fare la cultura di una società: può affossare come può far risorgere.

Ed oggi? Come staranno le cose oggi, forse meglio?

Ebbene, le problematiche si sono spostate di molto intanto, dalla sfera femminile anche in quella maschile. Dopo la conquista della parità da parte della donna, e dopo l'assunzione sempre più frequente di toni di ricatto e di vendetta, di aggressività da parte di essa, frutto ovviamente e comprensibilmente di secoli e secoli di "umiliazione sociale", ecco qui che nei rapporti di coppia è l'uomo adesso a diventare spesso moralmente soccombente, umiliato da atteggiamenti aggressivi ed irridenti da parte della donna, spesso anche in modo sottile.

Una donna un tempo non si sarebbe mai permessa di dileggiare un uomo; oggi può accadere facilmente che un ragazzo venga liquidato come "imbecille" o come "frocio" dalla sua compagna o da qualsivoglia compagna occasionale. Sicchè l'uomo ha sviluppato sentimenti di soggezione verso l'altro sesso, che in tal senso si mostra talvolta il sesso forte, prendendo per il bavero il maschio e facendone qualche volta un "pollo" da spennare. Anche se poi, alla fine, in questo gioco al massacro è essa stessa ad uscirne spesso con le ossa rotte, quando perde il contatto con la propria femminilità per vestire un clichet di tipo maschile, perdendoci in piacere sessuale, o spostando non di rado il baricentro della sua sessualità verso l'altra donna, verso l'omosessualtià femminile.

Il maschio, da par suo, ci rimedia stati di soggezione sessuale, quali l'eiaculazione precoce, o proprio stati di impotenza. Per non dire di coloro che per provare piacere sessuale si vedono costretti a ricorrere a pratiche di tipo sado-maso, a vere forme di perversione sessuale, con fruste, punzoni, schiaffi e calci, il tutto nel nome del piacere! O di coloro che senza una buona dose di coca non riescono neanche a mantenersi in piedi, sudando spesso da matti e puzzando come bestie! Un quadro di sessualità che di bellezza e di piacere pare recare solo il nome!

Sicchè il teatro della sessualità sembra essere diventato oggi più quello della competizione e della sfida, della recita a copione talvolta, che non quello del piacere vero, semplice e diretto, e non forzato necessariamente da qualcosa. Ma se vai a vedere poi, molta gente anche tra costoro che hanno queste pratiche così perverse, variegate e fantasiose, non prova affatto un piacere vero e naturale, un naturale sbocco della propria libido, per dirla col buon Sigmund. Se vai a guardare nel fondo di molti di noi, i più impensati, forse quelli che vedi tutti i giorni e che non ti raccontano certo i loro guai segreti dell'anima e del corpo, ebbene c'è una tale insoddisfazione sessuale da fare paura! Non dichiarata neanche a se stessi.

In una vita così penalizzante, che tutto tenta di fare tranne che di assecondare i tuoi più segreti desideri, la soddisfazione sessuale latita che è una bellezza, ed è una delle cose più frustrate. Anche più del lavoro, che pur scarseggia ormai a vista d'occhio! Ed il bisogno sessuale è tra i bisogni psicofisici decisamente più pressanti, secondo forse solo a quello alimentare ed idrico, e giusto a quello di dormire. E' una forza che preme silenziosamente dal di dentro, talvolta anche non rumorosamente, specie quando noi facciamo opera di controllo mentale e di repressione di essa, considerandola una sorta di terzo incomodo, che se non l'avessimo sarebbe meglio! Ma quella forza preme ed urge, urla, fa sentire tutta la sua disperazione, trasformandosi in campi elettromagnetico-mentali di natura oscura, alla fine solo patogeni.

Sicchè proprio quella forza che in molti di noi passa come misconosciuta, figlia degenere della natura e viene repressa ed ingorgata, flagellata nelle sue più semplici e naturali esigenze, diventa alla fine il nostro inconscio castigatore più spietato. Se ne era ben accorto anche Wilhelm Reich, che da buon allievo di Freud aveva spinto questa analisi della sessualità fino all'ennesima potenza, arrivando là ove neanche il suo maestro avrebbe mai osato spingersi. Arrivando a concepire finanche un "orgasmo cosmico", anteprima tutto sommato, a ben guardare, di quello che su un piano più alto e spirituale potrebbe essere un'estasi da coscienza universale. Molto più spirituale, in fondo, di quanti aborrissero già a quel tempo parlare apertamente di sessualità.

Sicchè il pioniere di una rivoluzione di pensiero, di una nuova corrente nella educazione umana, aveva finito i suoi anni richiuso in un carcere degli Stati Uniti, accusato come diseducatore della gioventù americana. Non assai diversamente da come un Nikola Tesla, accusato d'esser solo un visionario, sia pure accostandoci ora al campo della fisica, aveva dovuto finire i suoi giorni in un isolamento che sapeva non meno di galera, nella vana attesa che un qualche Morgan della situazione potesse accorgersi ch'egli era ancora vivo e vegeto e con idee ancora tutte da apprezzare. E' questo il prezzo da pagare alla "diversità", e ad una rivoluzione di pensiero?

Reich doveva evidentemente aver capito che forze sessuali e forze vitali, unitamente alle forze cosmiche, nell'essere umano viaggiavano in simbiosi, che non si poteva dissociare nella nostra natura la componente animica da quella fisica e sessuale, e che proprio quest'ultima doveva essere la porta verso una possibile estasi finale, verso il grande salto di coscienza.

Sembra di rivedere a tratti quel quadretto nel quale Nietzsche si abbracciava un cavallo, vissuto come un suo alter ego o come un "doppio" nel firmamento cosmico. Ma a qualcuno egli era apparso solo come un matto, tanto da guadagnarsi presto il manicomio! Tutta gente questa della quale oggi reclamiamo a viva voce la grandezza! Non ultimi un Giordano Bruno finito al rogo, o un Galileo Galilei costretto ad abiurare le sue verità, pena la morte! Ma allora? A che gioco giochiamo su questa nostra Terra?

E oggi? E' forse diverso? Quando un medico osserva il caso di uomini, tanti uomini, ridotti in quelle condizioni di impotenza sessuale, così smontati dalla loro condizione, uomini che reclamano il recupero della loro dignità maschile quasi come un'elemosina, ebbe', cosa viene da pensare, che siamo proprio tanto avanti nella conoscenza? Vogliamo volare nello spazio e non riusciamo ancora a risollevare il nostro corpo? E' cultura da terzo millennio questa? Per non dire di quelli che finiscono in un cancro, sia esso al testicolo o alla prostata poco cambia: è un'autoaggresione all'apparato sessuale. Perché all'apparato sessuale e non altrove? E secondo te il male attacca quel preciso distretto solo per un caso?

Ora, un bel giorno dal medico si presenta una paziente che lamenta disturbi emorragici all'apparato genitale, perdite di sangue ricorrenti. Nella nuova medicina della mente e dell'anima viene fatto parlare l'inconscio ed eccoti rivelato che dietro a quel sanguinamento c'è un'auto-aggressione inconscia legata a fattori di carattere sessuale. La donna si ferisce poiché si auto-accusa d'essere incapace di procurarsi piacere sessuale. Una storia complessa, fatta sicuramente di conflitti legati a falsi fattori morali, dei quali questa società ce ne ha riempito la testa fin troppo. L'inconscio psichico della paziente (anima) reclama intanto di avere bisogno di ricevere "premure" sessuali, amore fisico per capirci meglio. godimento fisico, tutt'altro discorso rispetto a quello che la superficie razionale del soggetto racconta a cielo aperto, nei suoi dialoghi col medico, quando il tema della sessualità lo evita quasi come il demonio.

Un soggetto evidentemente formato alla cultura del peccato, o quanto meno in grave difficoltà come donna visto che il compagno di vita non la degna più neanche di un tocco fisico, essendo quello peraltro alle prese con severi problemi psichici a sua volta. Insomma, un caso di coesistenza infelice, come tanti, come la maggior parte. Ma la donna sta andando incontro intanto a problemi di salute fisica, di una certa consistenza pure, che con l'andar del tempo e con l'aggravarsi di tutto il quadro potrebbero esitare in una patologia abbastanza devastante, come spesso accade.

A quel punto la soluzione tu dove la trovi? Dove la troverebbe la medicina di sempre? In palliativi fisici che lascerebbero inalterato il vero problema? Sì, tu puoi fermare in qualche modo l'emorragia, e potresti fermarla anche chirurgicamente in casi estremi. Ma il problema, il vero problema di fondo, sarebbe stato eradicato? Dov'è insomma il vero problema in quella donna? In una ribellione a se stessa, per un non-amore che riceve dalla vita, per quella negazione di piacere.

Poiché al nostro animale inconscio non gliene frega proprio niente dei tuoi fattori morali: quando esso ha fame vuole il cibo, e quando è in calore vuole il sesso: se è una donna vuole un uomo, e se è un uomo vuole una donna. Punto. Nessun'altra congettura teologica!

Ma mentre il cibo può essere più o meno facile da rimediare, il sesso tu a quella paziente come glielo somministri, se è quello ciò che le manca? Le noleggi un "fidanzato" per due ore? E la morale? E lo schema di sé? Come si concepisce dentro quella persona? Poiché se uno giunge ad un simile stato di precarietà nei suoi equilibri, è pacifico che debba portarsi dentro uno schema di sé a dir poco disastrato. C'è tutt'un mondo da rifare là dentro, a partire dai cosiddetti condizionamenti morali, a giungere al modo in cui la persona percepisce i rapporti col suo corpo.

I fattori cosiddetti morali e religiosi possono essere intanto così feroci dentro da impedire già a livello pregiudiziale di accettare certi compromessi. Come la cambi d'improvviso la testa ad una persona che ha visto il mondo fino a quel momento in un certo modo, complice tutto un bagaglio di "educazione", che a partire dalla famiglia, spesso rigida e all'antica, fino a giungere alla società, che è moralista e proibizionista molto più di quanto oggi non si dica evoluta, te l'hanno ridotta ad essere come imballata su se stessa, incapace di muoversi, tanto più quando il carattere non abbia saputo accompagnarla? Mica tutte sono frivole le persone, disinibite, spigliate e di facile contatto sociale! La maggior parte della gente è barricata ed il sesso rappresenta quanto di più arroccato si possa trovare nella nostra struttura psichica. Uno dei fattori di maggiore masochismo e fuga.

Ma i problemi restano, i bisogni primari reclamano, il soggetto non gli corrisponde soddisfazione, ed essi si trasformano piano piano in fonte di disturbo e di malattia. E tanta gente per simili ragioni se ne è tornata anzitempo al Creatore! E' questo il giusto e regolare destino di una persona umana?

A quante donne è stato tolto l'utero? Perché secondo te? Perché il problema sessuale nella donna è molto più frequente di quanto comunemente visto, capito e dichiarato. E' un campo dove la finzione a se stesse è alta, proprio per la particolare delicatezza di esso, dove trovare la soluzione significa accoppiarsi con un partner giusto, realizzare uno scambio d'amore fisico e morale efficace ed appagante, in tutte le sue sfaccettature, e dove non sempre o poche volte c'è quella giusta apertura di pensiero che permette scambio vero tra i due sessi, al di là di ogni schema sociale, barriera personale o pregiudizio.

Vi sono barriere caratteriali, culturali e tutto quello che vogliamo. Ma quella paziente che ora è dal medico, il medico della nostra generazione che vede oltre le apparenze e che scava nel profondo, che si muove generando campi di energia e quant'altro, ora quella paziente di che cosa ha bisogno? Di belle teorie e di chiacchiere? O di un trattamento fisico mirato, che ancorchè fisico poi è sempre prima della mente e dell'anima? Una canalizzazione "sessuale" dell'energia, operata con metodo e gradualità. Ma non altro. Inutile girarci attorno. Altrimenti il "problema" resta lì.

Perchè se di "attenzioni" sessuali quella donna ha bisogno, tu come glielo curi quel problema, con qualche discorso filosofico? Cosa vuoi che gliene freghi all'animale del corpo? Esso vuole carezze, toccamenti, eccitazioni ed orgasmi. La terapia è quella. E allora? Come la mettiamo allora con la cosiddetta "morale" comune o anche religiosa?

Cosa è giusto, il fine o il mezzo? Cosa è giusto, ciò che serve o ciò che la gente pensa o giudica?

Ed ecco allora come sia possibile istituire un fondamento di terapia "sessuale", da poter considerare come un'alternativa tecnica al rapporto sessuale di coppia, in coloro che hanno serie difficoltà relazionali col mondo, o che anche se le hanno, si portano tante barriere con se stessi. E questo può valere per una donna come per un uomo, con la sola variante che nel caso della paziente donna sarà necessario un terapeuta maschile, e viceversa nel caso di un paziente maschile sarà necessaria una terapeuta donna.

Ma è possibile evocare stati di eccitazione e di scarico sessuale in maniera alternativa, diciamo tecnica. E' una frontiera seria alla quale pensare. Poiché può liberare da molte di quelle energie sessuali eccessivamente accumulate nel soggetto e che creano quello che Reich definì "l'ingorgo". Scaricare quelle energie in eccesso, attraverso il caricare energie amorose da tocco terapeutico, non è di poco conto ed è anche facile da ottenere.

In fondo tanti massaggiatori cosa fanno? Danno gioia al corpo attraverso l'esperienza del loro tocco. Ecco, se tale tocco viene allargato quanto basta anche alla sfera della sessualità, in termini di comunicazione, trapassando gradualmente dalla affettività alla sessualità, al tocco erotico, sia pure in modo morbido e delicato, questo può favorire stimolazioni-liberazioni sessuali di decisiva efficacia terapeutica. Una frontiera scottante? No, una frontiera saggia ed utile. Poiché al fine si deve saper guardare e non al mezzo usato.

Finiremo tutti all'inferno? Beh, speriamo proprio di finire tutti piuttosto in un gran bel paradiso, quel paradiso terrestre di cui ci siamo privati qui da un bel pezzo, grazie proprio alle nostre trappole "culturali". Il paradiso è qua, cerchiamo di recuperarlo, e svestiamo definitivamente questa cultura da galera, della sofferenza, della malattia e della morte.

Capitolo 11

Una illusione di libertà

Una fase cruciale di questo nuovo modello di terapia è rappresentato dal dialogo con l'anima. Parallelamente alla genesi ed allo sviluppo dei potenziali d'energia necessari al riempimento del campo carente e contemporaneamente al soverchiamento del campo patogeno, si dà possibilità al profondo psichico della persona, ciò che stiamo ora chiamando "anima", di manifestare i suoi chiari motivi di sofferenza, e questo nelle modalità preferite, più spesso simboliche secondo tradizione freudiana. Il tutto in relazione al grado di energia in qualche modo fornito, e quindi di coscienza risvegliata. L'energia, ormai lo sappiamo, rappresenta sempre il motore di tutto.
Ed occorre proprio tanta energia perché i veri motivi di fondo di una sofferenza ti saltino fuori; per cui ogni manifestazione delle dinamiche profonde della sofferenza risente sempre del grado attuale di energia raggiunto, e quindi di illuminazione di coscienza che in quel momento si riesce a conseguire. Non potrai illuminare più coscienza di quanta energia avrai fornito. La resistenza alla verità la farà inesorabilmente da padrone. Per

andare più in profondità ed aprire più porte, dovrai fornire pertanto più energia. Un fatto matematico.

Ad ogni seduta si incrementa il campo d'energia, e quindi tutto il potenziale positivo disponibile, ed aumentano a ruota le possibilità di apertura delle porte sbarrate, della comprensione delle difese e delle vere cause di quella data sofferenza. Uno stato di profondità o di trance risulta un fatto naturale in questi casi. Altrimenti non c'è contatto col profondo di se stessi. Ed è proprio quel contatto la vera chiave da raggiungere, più che la profondità di trance in sé, che rappresenterebbe a quel punto un mezzo più che il fine.

E' fondamentale che la mente razionale sia messa per qualche lungo istante in scacco, diciamo pure a riposo, perché il profondo animico possa venire fuori con forza e "parlare", manifestare i suoi veri sentimenti, i suoi bisogni repressi, ed a ruota disvelare i meccanismi difensivi. I quali, benintenso, non è detto che vengano mostrati di primo acchito. Come dicevamo prima, è necessario che tutto il sistema psichico si illumini di una maggiore energia, perché esso possa pescare nella verità di se stesso e rivelarsi.

Quando all'inizio le resistenze sono prevalenti (campo patogeno o oscuro), è naturale che non ti salti fuori molto quanto a verità del profondo. V'è ancora troppo poca energia positiva per riuscire a soverchiare le difese e portare allo scoperto il vero rospo dal di dentro. Ma a mano a mano che l'energia positiva cresce, il campo elettromagnetico-mentale terapeutico intendo dire, allora prenderà più forza la possibilità dell'anima positiva di esternarsi e di vuotare il sacco. Solo allora si potranno verbalizzare le cose interne per come esse stanno veramente.

Non dimentichiamo che c'è sempre una gran bella differenza tra ciò che la persona potrebbe dire a livello razionale, nella sua normale condizione di veglia, e quello che potrebbe dire in uno stato di trance profonda, in cui il contatto o meglio l'emersione dell'anima profonda è prevalente. Non che a quel punto le resistenze siano state debellate, poiché esse vengono vinte solo a mano a mano che si fornisce energia positiva, e si libera quella negativa, ed il campo terapeutico diventa dominante. Cosa questa che avviene con l'avanzare del lavoro, nel tempo.

Tutto sta a dare energia dunque. E l'anima si apre gradualmente. A suo modo. E' facile, a quel punto, ricavare da dove provenga mai lo screzio di salute e trovarvi i rimedi. Non dimentichiamo che l'anima non è la mente, ma è ciò che poi guida la mente. La mente cellulare peraltro, ovvero la cabina di comando del DNA, viene certamente posseduta e manipolata in primis dalla forza negativa, quando predomini una forma di sofferenza e di difesa psichica. Da qui il sintomo, l'alterazione d'organo e tutte le conseguenze classiche di una data patologia. Che può essere talvolta anche solo funzionale, ossia non accompagnata ancora da lesioni, ma solo da sofferenza nervosa e quindi da dolore e da malfunzionamento in qualche distretto del corpo.

Certe paralisi che osservava Freud, ma che abbiamo osservato oggi anche noi, avevano ed hanno una natura transitoria, da blocco funzionale della trasmissione nervosa, già a partire dal cervello. Non c'è in questi casi una vera lesione neurologica in atto. Il soggetto in tale circostanza si sta impedendo di muovere un arto o di vedere (vedi amaurosi isterica transitoria), come frequentemente è possibile osservare in tanti casi, gente che si auto-inibisce a vedere con gli occhi per una sorta di autopunizione, che si condanna per un rimorso di coscienza, per causa di cattivi comportamenti avuti nei riguardi di qualcuno. Braccia che smettono di muoversi e che poi "miracolosamente" riprendono a funzionare normalmente. Il tutto quale effetto di un blocco psicogeno delle vie nervose, dell'impulso cerebrale a monte addirittura, e questo per cause che possono essere più spesso autopunitive, ma talvolta anche di qualche altra natura.

Diciamo che il paziente mirerebbe inconsciamente a ricavare una sorta di vantaggio, sia pure fittizio, da quella sua paralisi, quale il non andare a lavorare ad esempio, l'evitare l'impatto con la società, o l'attirare l'attenzione di qualcuno per ricavarne premure, o il fuggire o evitare qualche circostanza un po' incresciosa, qualche incontro sgradito o quant'altro. E' quello che in psicologia viene definito il "guadagno secondario dalla malattia". Ma poi, di che guadagno si può trattare mai se uno se ne resta in una condizione così devastata?

A ben rifletterci, è meglio tapparsi in casa restandosene semiparalizzato, o affrontare una realtà sia pure scomoda e tentare una soluzione vera? Meglio la menomazione fisica o la verità? Eppure, in quel momento, il gota delle risorse del paziente è giusto quello: egli non riesce a fare di meglio che fuggire ed autolesionarsi! E' il primo impatto con una realtà più grande di lui, la prima reazione ad una realtà evidentemente schiacciante.

La problematica alla fine, in quell'analisi profonda, ti salta inesorabilmente fuori. Ed essa reca in sé già una mezza soluzione. Quando il paziente prende coscienza del proprio meccanismo difensivo, lo destabilizza automaticamente. E' come quando un ladro viene colto con le mani nel sacco: potrebbe continuare ancora a rubare?

Quando dall'analisi salta fuori a chiare lettere ciò che il paziente cercava di ricavare da quel suo comportamento difensivo (sintomo), sgorga spontanea la possibilità di ottenere quei suoi "guadagni" in modo decisamente più lineare e costruttivo. La via perversa viene automaticamente abbandonata insomma, e con essa tutta la sintomatologia.

Così arrivano le soluzioni concrete. Un paziente che si faceva venire svenimenti sul lavoro a causa di un certo disagio col datore di lavoro, ad esempio, potrà cercare di cambiare reparto, o qualcosa di simile. Non avrà più bisogno di bluffare con se stesso, trasformandosi in un malato (con tanto di sofferenze vere, peraltro), quando il problema era su tutt'altro piano. La tematica causale viene affrontata e risolta nella sua concreta consistenza quotidiana.
La malattia diviene spesso strumento per evitare rapporti increciosi, situazioni imbarazzanti, ecc. Talvolta viene messa in atto per richiamare l'attenzione di persone care, utilizzando il meccanismo della compassione dell'altro. Sono meccanismi inconsci questi, tuttavia perversi, poiché rappresentano un falso, strumentalizzano il farsi passare per ciò che non si è, quel che è peggio auto-lesionandosi realmente! Quel dato paziente sviluppa realmente dolori, paralisi: il bluff inconscio arriva a questo punto!
Tu puoi anche considerarlo un malato immaginario, ma egli non si vive affatto come tale, finchè non arrivi a scoprire la sua vera magagna interna. Il paziente sul piano fisico non finge. Il suo dolore alla fine è reale. Insomma: è vero masochismo!
Finzione tuttavia è l'architettura profonda di tutta la situazione di malattia, che viene organizzata a dovere dalla mente perversa di un ente oscuro, divenuto ormai straripante nell'inconscio. E' una intelligenza perversa quella che coordina tutte queste manovre patogene, una sorta di alter ego accresciutosi ed ormai imperante nell'inconscio del soggetto, dal quale lo muove a suo piacimento.
Ed il paziente vive tutto questo come un automatismo, di cui non coglie la dinamica e la portata ad un livello cosciente e razionale. Egli subisce e basta. Da padrone di casa è stato degradato a schiavo, e non lo sa. Non c'è colpevolezza in lui dunque, poiché non c'è consapevolezza. E' opera sotterranea di

quella forza oscura, che non a caso i demonologi chiamerebbero Satana. Parola grossa ovviamente nel nostro caso, ma sufficienete a farci capire con quale grado di possessione abbiamo spesso a che fare all'interno del nostro sistema psichico di esseri umani.

Alla luce di queste osservazioni fatte sul campo, viene spontaneo allora domandarsi di quale libertà parli l'uomo quando pretenderebbe di parlare di "libero arbitrio". Ma voi ritenete davvero poterci essere un libero arbitrio in una persona che subisce dal di dentro di tutto? In una persona che non sappia neanch'essa da che parte gli provenga il pericolo, in che cosa consista e come lo subisca sulla sua stessa pelle? Questa sarebbe una persona "libera"?

Chi parla di libero arbitrio non ha evidentemente cognizione di queste realtà. Parla solo per astrazione. Mentre la nostra vita è una cosa concreta, fondata su ben precisi meccanismi. E questo è scienza, non astrazione, congettura filosofica o teologica! Coloro che hanno la fortuna di osservare sul campo questi meccanismi, invece, non possono che ringraziare la "divina provvidenza" per la possibilità di verderli e di raccontarli ad altri.

Sicchè l'uomo vive solo in una grande illusione quando crede di essere veramente libero e padrone delle proprie scelte. Quando è invece vessato continuamente da forze oscure, delle quali non ha nemmeno cognizione. L'uomo non è mai libero dunque, poiché è schiavo di campi di forza, campi che possono anche avere natura genetica. Anche i campi genetici difatti possono essere di tipo oscuro, anzi lo sono assai spesso, molto più di quanto si riesca a credere, e trasmettono vere galere mentali e fisiche provenienti dalle vite passate di nostri antenati. E' un "imprinting genetico" questo, dagli effetti devastanti.

L'unica possibilità di "salvezza", ovvero di liberazione per l'uomo, può giungere dalla capacità di dare sviluppo a campi di forza positivi, contro-campi che riescano a spezzare i lacci mortali che lo tengono legato e imprigionato a quegli antichi sortilegi oscuri. Il male, dentro di noi, perpetra la sua opera anche al di là del tempo, attraverso la genetica; è una piaga mortale che ci ammorba dal di dentro, e che subiamo sin dalla nascita, senza neanche sapere perché e per come. Questa è la nostra condizione umana, altro che libertà! La libertà costituisce dunque una conquista, un punto di arrivo sudato e sofferto, mai un punto di partenza.

Noi dobbiamo illuminare il materiale oscuro che ci portiamo dentro, dobbiamo positivizzarci. E questa è scienza, meccanismo puro, non congettura filosofica o teologica. Il nostro campo elettromagnetico-mentale, sommatoria di tutti i vari sotto-campi che lo compongono, noi abbiamo possibilità di curarlo, di ripulirlo, di arricchirlo, di potenziarlo, con scienza e tecnica. Un po' come farebbe un bravo meccanico, che sappia dove mettere le mani per rimettere in sesto la tua auto malandata.

Energia contro energia. Positività contro negatività. Luce contro tenebra. Questa la semplicissima ricetta vincente, della nostra libertà. Fondamentale in tal senso la nostra determinazione, ma anche la scienza di chi ci deve aiutare. Occorre conoscenza in queste cose, non improvvisazione. Occorre sapere "come " si fa per aiutare la gente a liberarsi ed a trasformarsi, a "trasmutare" verso stati di luce, ossia campi di alta frequenza vibratoria.

Dunque avrai capito che tu potrai aspirare ad una maggiore libertà solo a mano a mano che libererai il tuo campo globale d'energia dalle sue lordure interne, a mano a mano che ne incrementerai la potenza positiva. Dovrai progressivamente spezzare i legami patogeni che imprigionano la tua vita, che impediscono al migliore tuo potenziale positivo di venire fuori e di esprimersi, di manifestarsi nella tua realtà, ed alla tua vita di fluire con maggiore fluidità e successo.

Quando il tuo campo è ripulito e positivo tutto questo è naturale e lineare, facile facile, è automatico. La tua vita gira insomma in un altro modo. Non devi neanche più sforzarti. Il segreto è là.

Occorre spazzare via da te tutti gli enti mentali distruttivi che ti stanno parassitando, e che stanno possedendo perfino il tuo pensiero a tua insaputa, che ti stanno tenendo bloccato in un pensiero ed in un'azione distruttivi, che stanno impedendo alla parte più luminosa di te di venire fuori e di imporsi sulla tua realtà, di essere la tua realtà, e di fare girare questa a meraviglia, proprio come vorresti tu.

La tua vita decolla o non decolla in base a quanta energia–luce tu hai accumulato-sviluppato dentro, il che è esattamente l'opposto di quanta energia oscura ti porti ancora addosso. Non possono esserci contemporaneamente due corpi fisici in uno stesso luogo. Allo stesso modo non potranno esserci due forze opposte nello stesso luogo mentale. Se la tua energia è contaminata o abitata se preferiamo da enti oscuri, non potrà essere abitata da forze di luce. Più enti oscuri meno enti di luce. E viceversa.

Semplice no?

Tutta la tua speranza si affida dunque alla possibilità di ribaltare i tuoi equilibri di energia. Il che si va a tradurre nel ribaltamento dei tuoi equilibri di coscienza, cioè di percezione e concezione della realtà (vedi meccanismi di difesa, vedi letture varie della vita, credenze, e via discorrendo). Il concetto di libertà dunque è correlato a tutte queste variabili, ed è molto serio, per cui dire che l'uomo è libero di scegliere come vuole è dire solo una grossa bugia.

Noi siamo ingabbiati nelle nostre prigioni di ferro, profonde, mentali, con sbarre invisibili che sono rappresentate dalle forze negative che pescano dentro di noi, nel nostro passato, nella nostra storia personale e nell'ereditarietà, così schiacciante nelle sue energie-trappola che ci trasmette in qualche modo, nei vissuti di antenati che continuano a rifilarci a tutt'oggi tutta la loro carica di distruttività, nei comportamenti fisici, d'organo, psichici e sociali, e persino somatici. Ma siamo ingabbiati anche dalle esperienze traumatiche da noi stessi vissute sin da piccola età, e specie quelle vissute in più tenera età, proprio quelle che ci segnano di più per il resto della vita. Ma siamo ingabbiati anche dalle concezioni educative ereditate dalla società in cui viviamo, a partire dalla famiglia, condizionamenti talvolta pesanti, che hanno una grossa presa su di noi.

Siamo il prodotto di tutte queste cose, anorchè di un'anima che pulsa alla ricerca della sua vera identità, della sua vera potenzialità, della sua vera libertà. E questo è per fortuna il lato positivo di noi che preme. Ma le gabbie ci sono, sono invisibili, ma rocciose e forti, insormontabili generalmente da noi stessi, da soli. Ed è tutt'un lavoro di energia quello volto ad aprirle. Un tipo di educazione mentale che dobbiamo acquisire, che non ci hanno trasmesso nelle scuole. Una cultura della mente che siamo riusciti a malapena a rosicchiare quando siamo entrati nel mondo della meditazione o della preghiera, di strafaro direi, ma senza neanche capire poi generalmente come queste cose funzionino davvero, i veri meccanismi della mente e del corpo che sono alla base di noi.

Ed è stato già qualcosa quando la fede, la tanto bistrattata fede ci ha aiutati, ci ha sorretti, come fatto istintivo o anche solo come tradizione rituale più che come comprensione vera. Non abbiamo neanche capito quello che facevamo e vivevamo, ma assistevamo al fatto di riuscire a sentirci meglio, di vedere

quantomeno qualche porta aprirsi timidamente lì davanti a noi, quando pregavamo o digiunavamo e ci sforzavamo di comportarci più correttamente o amorevolmente con il mondo. Qualcosa stava funzionando. Ma cosa? E come?
Mentre ci toccava magari subire le prediche del prete di turno, che tentava con arte consumata e stereotipa, ma altrettanto stucchevole, di catechizzarci su che cosa sia giusto o sbagliato fare nella vita. E tendevamo a dire a noi stessi: beh, se la fede funziona, allora tutto quello che ci raccontano i preti sarà la verità! E tendevamo a bercela tutta d'un fiato!
Ma poi?
Ma i conti poi alla lunga non tornavano. Passavano anni magari prima di vedere certa incongruenza. Era come se certa teoria stesse da una parte e la realtà, quella vera del quotidiano, dall'altra! E allora? Qual è il vero meccanismo delle cose? Cos'è la verità?
E' il nostro modo d'essere e di funzionare, e lo si comprende solo con attenta e lunga autosservazione, con l'introspezione, e questo è prodotto di un grosso sforzo d'energia. Energia prima, autosservazione e comprensione poi. Cosa viene prima dunque, l'uovo dell'energia o la gallina dell'autosservazione?
Occorre un vero salto quantico d'energia mentale per guardarsi degnamente e proficuamente dentro, per scoprirsi e riscoprirsi, per capirsi, per amarsi, per incontrarsi, per conoscersi. Occorre portare il proprio campo mentale a livelli quanto più elevati, per poter guardare tutto come dal di sopra di se stessi, come dal di fuori di un sistema mentale schiacciante che ci ingabbia e ci schiavizza. Per essere fuori dalla mischia. Dalla "matrix" direbbe qualcuno.
E' la medesima matrix mentale di sistema sociale e di pensiero nella quale viviamo. Aspettarci un aiuto dal sistema? Sarebbe come chiederlo al nostro carceriere!

L'uomo non è mai libero dunque. Ed il sistema sociale nel quale egli vive è esso stesso figlio della negazione, e dell'inganno.

Capitolo 12

La trasmutazione di luce dell'essere umano

Tutti cerchiamo la felicità. Ma poi, cos'è? E' semplicemente un movimento d'energia. Che diventa alla fine emozione. Una emozione positiva e di giubilo, di pienezza, di soddisfazione, di quell'appagamento più sottile e profondo dell'essere che ti riempie l'anima. Ecco, ora puoi dire: io sono felice, e senti di non aver bisogno quasi più di niente, poiché quel sentimento è appagante in sé, al di là delle cose, è una vibrazione dell'anima, è un attimo fuggente: purtroppo quasi sempre molto fuggente!
Sì, perché un istante dopo riapri gli occhi e ti ritrovi sprofondato in un momento di sapore opposto, forse il vuoto, la scontentezza, la tristezza, la desolazione. Ma come mai? E la felicità di poco prima?
E' un moto d'energia, uno stato dell'essere, della coscienza, legato all'energia e all'emozione ad essa sottesa, e viceversa. Quando la tua frequenza è alta ti senti gioioso, quando essa si abbassa vai quasi in depressione. Eppure non sei sempre tu? Come mai ora stai su e poco dopo vai giù?

Perchè noi viviamo di emozioni, di stati emozionali, di reazioni emotive all'ambiente ed agli stimoli che ci derivano dal nostro ambiente di vita, dagli eventi che ci coinvolgono e travolgono. Quasi sempre questi stati emozionali li facciamo dipendere dagli eventi esterni. Se accade quel che vorremmo o comunque qualcosa di gratificante siamo a mille, altrimenti, specie in caso di avversità sfacciate, ci ritroviamo piantati su un calvario personale!
E' un modo tutto nostro, umano, duale, questo di ballare con gli eventi, di vivere un'alternanza di sentimenti di sapore opposto, di emozioni, questa emozionalità che alla fine subiamo noi stessi. Non c'è stabilità in noi: ci eccitiamo facilmente, magari per molto poco, arrivando anche a non dormire di notte, come ci avviliamo per altrettanto poco, quando ci passa anche la voglia di mangiare o di alzarci al mattino!
Perché questo dualismo così sfacciato di stati emozionali? Perché noi investiamo tutta la nostra emozionalità sugli eventi che viviamo nel mondo esterno, sugli accadimenti della nostra vita, quelli per cui palpitiamo, sugli obiettivi sui quali puntiamo a piene mani. Viviamo di quelli. Viviamo per quelli. E quando quelli ci deludono, anche solo per un istante, e magari neanche realmente ma solo in apparenza, ecco che scatta l'allarme: è dramma!
Il vero teatro alla fine lo facciamo dentro, tutti i giorni! Il vero teatro siamo noi: il teatro delle emozioni, degli investimenti psichici. Perché investire tanto su così poco?
Se ci rifletti, sin da quando siamo piccoli investiamo in oggetti, in obbiettivi, in mete che si proporzionano ovviamente alle nostre aspettative del momento, alle esigenze di quella data età ed esperienza. Il bimbo di cinque anni sta vivendo per la bicicletta che gli è stata promessa. Quello di dieci sta vivendo per il viaggio nella capitale che papà gli ha garantito, il ragazzo

di quindici sta vivendo per poter baciare per la prima volta la sua segreta amata, la quale probabilmente neanche sa ancora della sua esistenza! Il ragazzo di vent'anni sta sognando ad occhi aperti il grande esordio con la sua band musicale all'estero. Il ragazzone di trenta sta sognando invece di uscire dal lager di quella sua relazione asfissiante che si porta dietro da anni, e di recuperare quella dimensione di libertà che ha dimenticato da tempo. La donna di quaranta sta sognando di diventare la manager che ha sempre vagheggiato essere, e che ora ha forse a portata di mano. E via discorrendo.

Ogni età ed ogni personalità ha i suoi sogni. E noi investiamo su quei sogni. Ed essi diventano da un lato delizia, motivazione di vita, pulsazione che ci spinge sempre più ad andare avanti in quella nostra sfida personale, dall'altro la nostra croce, nel momento in cui quel sogno ci fa soffrire da morire e ci fa patire le pene dell'inferno, con le mille avversità che quotidianamente ci presenta in conto, prima di decidersi ad avverarsi. E noi invecchiamo insieme al sogno, soffriamo insieme ad esso, ci ammaliamo ed alla fine spesso muoriamo senza che esso si sia nemmeno coronato! O lo coroniamo quando ci siamo ridotti ormai a brandelli nel corpo e nella mente, e non riusciamo neanche più a mettere assieme due passi di fila sulla nostra strada, che si possano chiamare tali!

E' sbagliato sognare dunque?

Il dilemma non è sognare o non sognare, poiché sognare è vita, è motivazione, è un propellente insito nella nostra stessa natura creativa che ha l'attitudine a generare sogni e poi realtà. Il vero dilemma è piuttosto: sognare bene o sognare male?

Come si sogna: questo è il problema. Quale rapporto abbiamo con il nostro sogno o con i nostri sogni. Riusciamo a vivere i nostri sogni in maniera sufficientemente distaccata, da non farcene schiacciare? Questo è il punto. Perché se è vero da un lato che il sogno è anche passionalità, pulsione, fremito

dell'anima, anelito, e che non sarebbe tale se non spingesse dal di dentro con tutta questa pulsionalità, è anche vero che esso non deve rappresentare un valido motivo di sofferenza e di malattia. Riusciamo a mantenere il nostro sogno ad un sufficiente livello di distacco?
Una sorta di interesse piacevole ma non sofferto, questa la ricetta. E' possibile?
Riusciamo insomma a vederlo quel nostro bicchiere sempre mezzo pieno, anche quando si segnano naturali battute d'arresto lungo il percorso di realizzazione del nostro sogno? Riusciamo a mantenere in vita in noi la piacevolezza di quello che inseguiamo, integrale l'entusiasmo della meta anche quando vari intoppi ne vorrebbero minare l'originaria fiducia naturale?
E' tutta là la nostra sfida. Ma è anche là la nostra vittoria.
Poiché deprimersi quando qualcosa non va bene sa farlo chiunque, ma tenersi lo stesso ben saldi in piedi e fiduciosi non lo sanno fare tutti. Dobbiamo educare la nostra mente, ed imparare a nutrirla, nutrirla di fiducia, di energia positiva, onde tenere alte le nostre frequenze mentali, e quindi riuscire a non cadere nel tranello delle situazioni di sconforto, puntuali, di percorso.
E' tutt'un fatto di energia mentale, ma anche di cultura della nostra vita. La nostra felicità dovremmo imparare ad affidarla alla semplicità, alla naturalità, alla spontaneità, ed alla non-dipendenza dalle cose, dagli affetti, affidarla alla gioia pura, pura energia che è in noi e sta a monte delle cose, sganciata da esse. E' una cultura differente questa, della libertà, della non-dipendenza, del non-attaccamento, del non-possesso. Il senso del possesso è un nemico per noi. Poiché tu cerchi di "possedere" la realtà, ed essa ti sfugge. E tu ne soffri.
Perché mai ridursi a questo? Lascia invece che la realtà possieda te, lasciati possedere: amala! E' diverso.

Tu non hai legami e attaccamenti in questo caso, sei libero. E ne godi. La realtà ti possiede, e ti dà quello che vuole, e tu ci stai, non ti ribelli, anche quando non si tratta di ciò che preferiresti. Ed a mano a mano che tu ti liberi dentro, essa riesce a "sentirti" ed a gratificarti, dandoti alla fine proprio quello che vorresti tu. Ma tutto questo lo ottieni quando non lo pretendi, quando ci sai stare al gioco, anche quando la realtà ti sta propinando al momento cose non gradite. Ma in quell'accettazione stai vincendo.

Tu ti stai lasciando al momento possedere. Alla fine la realtà si lascerà possedere da te! E' in quell'abbandono tutta la tua nuova forza, in quell'accettazione, in quella libertà, in quel distacco, nell'amare anche ciò che non ti piace. Non nella ribellione, nella rabbia e nell'odio, come la gente fa in genere.

Il mostro oppositivo lo sconfiggi col sorriso, non con le sue stesse armi che sono fatte per l'appunto di odio, di rabbia, di vendetta, di rappresaglie, di omicidi, di massacri e quant'altro! La tua arma vincente dev'essere quella dell'amore nella vita, l'amore che tutto sa accogliere, anche il brutto, che tutto sa capire. E che alla fine tutto ribalta nel buono e nel bello. L'amore è una forza inarrestabile! E' il potere più "terrifico" che esista, per fortuna volto solo al bene.

Quando noi ci incaponiamo invece a pretendere le cose che preferiremmo, ci attacchiamo ad esse e le soffriamo. E più le inseguiamo più esse scappano da noi. E più stiamo male. Se tu invece fai l'opposto, te ne freghi delle cose e cerchi anzi di evitarle, esse alla fine ti inseguono! Con la differenza che per te è solo un gioco, che sei libero e ne godi! Conclusione: vuoi le cose? Bene, cerca allora di ignorarle! Un bel giorno esse busseranno alla tua porta.

Tutto l'opposto di quello che, in questo sistema sociale e di vita nel quale siamo calati, comunemente noi facciamo. Ove domina il possesso delle cose, il conseguimento di obiettivi personali, familiari, sociali, politici, finanziari e quant'altro, il senso di appartenenza e di attaccamento, la dipendenza, la schiavitù psicologica e morale, che tutto è tranne che libertà e potere. Tanto meno felicità.

Non puoi trovare felicità in una simile galera mentale, non ti pare? In che razza di cultura siamo calati dunque? Chi l'ha promossa? E cosa intende perseguire? Chiediteo con attenzione, per favore! Ne hai il diritto e l'interesse.

E' tutto sbagliato qui, lo comprendi? Poi a quello a cui dovremmo dare valore, la nostra mente, la nostra risorsa più intima e vitale, primaria, la nostra energia, non glielo diamo. Non viene nemmeno considerata. In quale cultura siamo calati dunque?

Non si sa nemmeno cosa sia la mente, mentre si continua a parlare candidamente di cervello. Né curiamo la nostra mente, al pari di come curiamo il corpo. Se non sappiamo neanche cosa sia! Se nelle università si continua a parlare di cervello! Questo materialismo scientifico è dunque figlio di una evidente ignoranza spirituale! Se tu parti dallo spirito nella tua ricerca, è più facile che tu capisca la materia, ma se parti dalla materia (medicina, ingegneria, fisica, chimica, matematica, ecc.) ti sarà molto più difficile arrivare a capire lo spirito!

Siamo in una falsa cultura della mente e del corpo, ma anche della vita.

Allora, la felicità non la si consegue attraverso le mete, ma attraverso il distacco dalle mete, attraverso l'energia pura. Ed è una condizione semplicemente incomprensibile questa all'uomo medio, il quale collega sempre la felicità al conseguimento di un qualche obiettivo materiale di vita. Per l'uomo medio la felicità è una reazione, uno stato emozionale che consegue alla conquista di una meta materiale o morale della vita quotidiana, di qualcosa di bello e di gratificante che gli accada. Se questo qualcosa di bello non accade, addio felicità!

Per l'uomo evoluto, che abbia superato il dualismo, la felicità è uno stato naturale dell'essere che prescinde dalle cose: può piovere o nevicare, fare caldo o freddo, si può avere soldi o non averne, essere soli o traboccare di compagnia, la felicità è assicurata lo stesso. Perché non dipende più da ciò che accade fuori: è uno stato di energia e di coscienza dell'essere. Interno. Non è mai un fatto dell'avere.

Per ottenere un siffatto stato, occorre innalzare la propria energia, innalzarla di frequenza. L'energia sale realmente intanto. Chi fa l'esperienza della "meditazione", noi diremmo meglio del "lavoro mentale" di amplificazione e di autosviluppo, avverte ad un dato momento la risalita vera e propria, "fisica" direi dell'energia.

Precisiamo intanto che essa all'interno di noi scorre dentro ad un canale centrale che dal basso, là ove si raccoglie tutta quella che è l'energia sessuale ("kundalini" della tradizione), risale verso l'alto, seguendo la colonna vertebrale, un canale d'energia che attraversa centri che non si discostano da quelli che scientificamente conosciamo come "plessi" e che nella tradizione orientale vengono conosciuti come "chakra". Dal plesso sacrale e coccigeo a quello ipogastrico, a quello celiaco, a quello solare e via via a risalire verso l'alto.

Si tende ad attribuire, piuttosto, troppa importanza a questi centri, i quali dovrebbero essere letti piuttosto come crocevia di accumulo e di smistamento di energie di percorso, non di più. L'energia vitale difatti si sposta facilmente da un punto all'altro del corpo e non necessariamente attraverso l'ausilio delle vie nervose. La dinamica di questa energia è sganciata almeno sulla carta, cioè nella sua naturale potenzialità, dalle vie della funzionalità fisica vera e propria (vie nervose, endocrine, ecc.). Semplicemente questa forza è gestita più che altro dalla psiche inconscia, che può depistarla da una sede all'altra, sia pure per via nervosa, ma questo a causa di una patologia di fondo, una volontà aberrante che devia e sposta il baricentro della funzionalità corporea verso un altro distretto, rispetto a quelle che sono le sue naturali linee d'azione. E questo per effetto di una volontà aberrante della quale abbiamo già abbondantemente parlato (ente oscuro).

L'energia che opera nel corpo risale dunque dalle sue sedi originariamente sessuali del fondo, e risale verso l'alto lungo questo doppio canale paravertebrale, dove a mano a mano che sale si trasforma (vibratoriamente) in energia vitale e poi ancora oltre in energia mentale vera e propria. V'è un continuum di questa energia, che dallo stato vibratoriamente più basso e sessuale dei piani inferiori (primo, secondo plesso), si trasforma (trasduzione) in un livello vibratorio differente, più sottile, vitale prima e mentale poi. E poi, quando si proietta ancora fuori dalla testa direttamente verso il cosmo, essa ha già assunto connotazioni vibratorie che noi siamo soliti definire "spirituali". Ma in senso lato, naturalmente. Poiché lo spirito vero e proprio è la vibrazione più profonda, e quasi mai entra in causa direttamente nelle dinamiche comunicazionali tra superficie e fondo di noi. La sua affermazione diretta è di pertinenza di tutt'un altro livello di evoluzione, decisamente altissima.

Così parliamo di "spiritualità" per tutto ciò che attiene al movimento delle energie spirituali, cioè delle vibrazioni della mente superiore, che si fanno così alte e sottili da potersi in senso figurato considerare come "spirituali". Ma sempre della mente superiore si sta comunque parlando. Di un campo d'energia mentale.

A mano a mano che il nostro campo di energia si accresce, l'energia risale, ed a mano a mano che essa risale si affina la frequenza vibratoria della mente e della coscienza tutta.

Quando il campo di energia ha debordato anche dal più alto centro della testa, notoriamente sesto e settimo chakra, allora il campo è così grande da definirsi di luce. Il soggetto dispone di una grande forza "spirituale", uno stato della coscienza che lo mette facilmente in comunicazione con altri esseri dell'universo. Ma anche con le altre dimensioni.

Una condizione del genere sogliamo definirla tradizionalmente "illuminazione", oppure "unione con Dio", e questo in base all'ottica di riferimento, alla scuola di appartenenza, buddista nel primo caso, ove la mente si illumina per effetto dell'energia raggiunta, o yogica nel secondo esempio, là dove la coscienza la si considera unificata a quella di Dio. Nella mistica cristiana più tradizionale si sarebbe parlato di "matrimonio spirituale" con Dio, ovvero di santificazione o di divinizzazione dell'essere o di trasformazione divina.

Beh, diciamo le medesime cose in linguaggi diversi.

Noi qui, in un linguaggio più rigorosamente scientifico, potremmo parlare oggi di "trasmutazione di luce" dell'essere umano. Poiché quando il campo d'energia aumenta la sua intensità, e l'energia sale e si proietta in tutto l'universo, il soggetto diventa da un lato cosmico (coscienza cosmica), dall'altro subisce una trasformazione di luce, poiché la vibrazione che investe tutto l'essere è di caratura superiore (luce per l'appunto), risultandone trasformato alla fine perfino il corpo fisico, la cui densità molecolare cambia ed i cui processi metabolici e biomolecolari assumono una velocità diversa. Si tratta di un soggetto trasformato, "trasmutato"per l'appunto, umano nelle forme e nelle apparenze, nelle funzioni fisiologiche, ma non più umano nel modo in cui le assolve, nella vibrazione di fondo. Poiché entrano in ballo movimenti d'energia a cicli atomici assolutamente fuori dalla "norma".

A quei livelli di energia e di trasmutazione lo psichismo non è più soggetto agli screzi delle forze oscure, poiché non può più esservi energia oscura là ove vibri solo energia di luce. La mente dunque è libera e purificata, distaccata, equanime, difficilmente più soggetta alle oscillazioni emozionali, tanto meno agli stati d'animo negativi. In quella condizione di luce la visione della realtà è chiara, oggettiva, non più strumentale a desideri personali o ad emozioni alcune. Qualcuno parla di "nirvana", qualcun altro parla di "beatitudine". Noi parliamo di una "mente di luce", trasformata e reinformata dalla energia-luce. Sicchè oggi è scienza, là ove ieri era filosofia, teologia, religione, magari credenza popolare.

Capitolo 13

L'omeostasi psico-corporea

A mano a mano che amplifichiamo energia mentale nella nostra pratica di autosviluppo delle potenze, il campo mentale si rafforza ed aumenta la sua intensità, l'energia risale lungo le colonne paravertebrali, e la frequenza vibratoria della mente cresce. L'amplificazione dell'energia utilizza in parte anche la macchina cerebrale, soprattutto nei soggetti a coscienza ancora troppo "materiale", fermo restando la natura non corporea dell'energia mentale stessa, e questo si attua di preferenza nelle aree alla base del cervello. E' qui che avviene questo processo elettromagnetico, una vera generazione ed emissione di onde cerebrali, un po' come avviene anche nella telepatia.
Il cervello emette un toroide che si espande letteralmente verso il cosmo circostante, ove incontra altre onde ed altri campi che sono anch'essi energia e coscienza. E' così che può avvenire uno scambio telepatico tra due persone, o anche con esseri di natura non umana, animali o extraterrestri. Anche una pianta in fondo ha una mente, più rudimentale, ma certamente in grado di comunicare con l'ambiente circostante. Per chi lo capisce, ovviamente!

Noi emaniamo energia mentale, come emaniamo energia vitale. Sono due energie diverse, per natura e frequenza. L'energia vitale è quella più vicina ai processi biologici del corpo, quella che alimenta i processi biologici stessi, che dà vita alla cellula nel senso più stretto. E' il nutrimento spirituale per la cellula e per l'organismo tutto. E' per questo che le guarigioni fanno sempre capo a questa energia, che nei soggetti naturalmente più dotati sgorga abbondante ed in modo radiante particolarmente attraverso le mani, che diventano strumento dell'azione guaritiva presso gli altri.

La frequenza vibratoria dell'energia vitale è di poco più alta rispetto a quella del corpo, quanto basta per farne un potere comunque invisibile ad occhio nudo, ma percettibile con l'occhio della mente, la percezione di coscienza mentale. L'energia mentale vera e propria invece ha vibrazione ben più alta, e quando si fa ancora più alta e spirituale può raggiungere distanze anche molto grandi attorno al corpo, dando vita ad una sorta di toroide che circonda il corpo fisico, molto difficile da percepire anche con l'occhio della mente. Qui occorre un grado di sensitività ancora più spiccato, che è per pochi.

Quando la forza mentale e spirituale è molto grande, per cui lo psichismo del soggetto è abbastanza libero da negatività, cioè purificato, una parte della forza mentale si trasferisce nel corpo vitale, come energia vitale o bioenergia, a costituire quello che viene spesso percepito come "aura, un alone di energia che circonda il corpo per distanze in genere non molto grandi. Alcuni hanno un'aura molto sviluppata, altri molto meno. Qualcuno ha un'aura di qualche metro, altri ne hanno una appena attaccata al corpo. Già questo è in grado di indicare quale sviluppo spirituale di base o quale grado di evoluzione un soggetto rechi in sé, anche già prima di parlare.

L'aura, così come la radiazione mentale superiore, rappresenta un po' il simbolo della grandezza spirituale della persona.

Mostrami la tua aura e ti dirò chi sei! potremmo scherzosamente dire. E direi anche abbastanza attendibilmente, in termini di valutazione!
Quando amplifichiamo energia mentale, amplifichiamo anche la coscienza. E' quello che chiamiamo anche illuminazione della coscienza. Noi le diamo energia ed essa di rimando ci permette di "vedere", tutte quelle cose che fino a ieri non vedevamo affatto, o di vedere meglio cose che fino a ieri non vedevamo sufficientemente bene: la lettura della verità, ossia la percezione diretta dei meccanismi della realtà, a tutti i suoi livelli, e sono tanti. Dipende difatti dal grado di energia con il quale noi affrontiamo tale perlustrazione.
L'energia è il carburante che permette tale percezione, e pertanto campi di energia più forti assicurano possibilità di penetrazione percettiva e di comprensione assolutamente superiori. Più energia, insomma, più luce e più sapienza!
In questo consiste la relatività della nostra percezione e della nostra evoluzione. Per questo bisogna incrementare il nostro campo di energia per arrivare a gradi di luce, ma anche di potere, ancora maggiori. Poiché con la stessa energia con la quale tu puoi perlustrare determinati meccanismi di realtà, ossia guardare dentro alla realtà e vedere cosa accade, come funziona, tu puoi anche interagire con la realtà stessa, in senso trasformativo, trasformare determinate dinamiche di realtà, situazioni in atto, eventi, fatti, o proprio crearne di nuovi.
Potere percettivo, trasformativo e creativo sono i tre grandi versanti delle possibilità della mente superiore. Si può leggere realtà, trasformare realtà, creare realtà. Per realtà intendo eventi interni al corpo, alla psiche, o esterni della vita, ambientali, sociali, planetari, accadimenti quotidiani, anche eventi della sfera fisica, naturale, e via discorrendo. La realtà a tutte le sue latitudini di manifestazione, insomma.

Cresciamo e ci evolviamo incrementando il nostro potenziale di energia, poiché questo produce automaticamente l'incremento del potere percettivo, di quello trasformativo e di quello creativo della nostra mente. Noi ci "illuminiamo" come suol dirsi, ossia incrementiamo la facoltà della mente di "vedere", e di operare tutte queste cose. E più l'energia diventa luce, più aumentano tutte queste possibilità.

L'illuminazione, da sempre intesa come fatto "divino", può dunque oggi essere rivisitata come fatto scientifico: non più dunque uno stato di grazia "concesso" dal soprannaturale, ma uno stato di luce ricavato attraverso i propri sforzi di ricerca e di amplificazione mentale d'energia. E' l'energia la chiave di tutto, e se noi non muoviamo energia, non otteniamo niente, né a livello di crescita personale e di evoluzione, né di soluzione dei propri problemi esistenziali, Cosa che passa comunque per la crescita e per l'evoluzione.

Per risolvere i tuoi problemi esistenziali, quelli del quotidiano per intenderci, devi amplificare per prima cosa energia, poiché è là la chiave che illumina la mente e fornisce nuove soluzioni. Le soluzioni non giungono per caso, né da sole. Sono frutto di una amplificazione di energia, che ad un dato momento si canalizza verso la soluzione di una data situazione. Il bisogno di risolvere quella data situazione è già in noi, ma ciò che non è ancora in noi è l'energia che può dare impulso alla soluzione, all'idea risolvente che si traduce poi in azione, o proprio all'evento risolvente che ci arriva dall'esterno direttamente come tale.

Se un uomo si preoccupa di sviluppare energia, campo mentale positivo, automaticamente troverà le soluzioni, poiché esse già premono dentro di lui, ma non hanno ancora trovato energia per esprimersi, per manifestarsi nella realtà. Solo allora esse prendono corpo e divengono palpabili, concrete, materiali insomma. Fino a che non gli si dà energia, esse non possono prendere corpo. Per cui tu non le vedi. E magari stai continuando a piangere miseria o disgrazia, o che so io!

E' un po' un processo creativo quello delle soluzioni, che avviene automaticamente: l'energia dà corpo alla soluzione, come in una sorta di parto sotterraneo, automatico. E' nella natura delle cose.

Quando noi abbiamo dei bisogni, delle esigenze che chiedono soluzioni nel pratico, nel quotidiano, noi tendiamo spesso a fare confusione, ad entrare nel panico, aggiungendo amplificazioni negative alle amplificazioni negative già di base sprigionate. Ossia stress. Quanto di più sbagliato! E' qui che ci manca la giusta cultura e pratica della mente, che porta invece alla gestione più sapiente di essa e per conseguenza a trovare le soluzioni migliori e vere.

Occorre in questi casi, difatti, fare l'esatto contrario: fermarsi. Smettere proprio di pensare al problema, impedire alla nostra mente di restarne impigliata, di farsi vittima, di entrare in un circolo vizioso della negatività che finirebbe solo con l'amplificare stress e basta, pathos, sofferenza inutile, e quindi ulteriore difficoltà. Occorre smettere di pensare anche quando la mente continua a pensare da sola: noi ci fermiamo, ci dissociamo da quel flusso forzato ed opprimente di pensiero, lo ignoriamo anche se c'è, stacchiamo la spina insomma della nostra attenzione, e non gli diamo più peso. Piuttosto iniziamo a praticare il nostro abituale autosviluppo d'energia, che è ciò che placa la mente ed amplifica l'energia che ci serve. La soluzione salta fuori poi da sé alla fine, non importa se in differita, non all'istante. Anzi ti salta spesso fuori al momento più impensato, magari lontano dalla seduta, quando te ne sei quasi dimenticato!

La soluzione è un movimento di energia. Se tu non sviluppi energia, se non dai energia alla mente, come farebbe essa, la parte positiva di noi ovviamente, a sfornare soluzioni? Punto primo, dunque, fermare la mente, per uscire dalla trappola della negatività, dalla morsa oppressiva del momento. Punto secondo, avviarsi nella pratica di autosviluppo e sforzarsi di non pensare anche se la mente insiste a farlo. Non le diamo peso. Punto terzo, amplificare energia, quanta più possibile. A quel punto il gioco è fatto: la mente si placa, e smette di pensare, e se pensa non lo fa più con l'accanimento precedente. Ad un tratto, quando meno te lo aspetti, ecco che si sgancia fuori l'idea risolvente, come per incanto. E può manifestarsi in mille modi.

E' così che funziona. E senza danni dunque, quelli che tu avresti avuto se fossi caduto nella trappola del panico, della mente ossessiva e dello stress, che produce danni ai più svariati livelli ed in svariati modi. Per una stessa situazione una persona potrebbe finire in angoscia e non poche volte ricoverata in ospedale, con sintomi di collasso, o altro. Per non dire di qualcuno che si lancia proprio da una finestra! Si finisce con l'ingigantire un granellino di sabbia fino alle finali dimensioni di una montagna vera e propria!

Noi invece dobbiamo cercare di lasciare che il granellino resti tale, non considerandolo nemmeno, e preoccupandoci solo di amplificare energia, un'energia sganciata da ogni oggetto. Allora, d'un tratto, tutto inizia a diventare calmo e chiaro. Noi ci plachiamo, pur essendo ancora in piedi il problema di partenza, ma noi siamo diversi. E piano piano ti saltano fuori i passi giusti da fare, le soluzioni vere che ci devono sgorgare dal profondo con atto automatico, del cuore diciamo, e non della mente razionale che sa fare solo danni, congetture, ipotesi ed un vero pandemonio di stress. Soluzioni che possono saltarti fuori direttamente anche come eventi della tua realtà quotidiana.

La pratica dell'autosviluppo d'energia dunque non è un rituale di sapore religioso, ma una pratica di vita vera e propria, un potere, dato che è dal profondo di noi che parte la nostra realtà. Che ci piaccia o no, che lo si ammetta o no. Anche se, poi, prima lo si riconosce tutto questo e prima ci si evolve. A nostro vantaggio globale, ovviamente. Ma anche a vantaggio di chi ci sta intorno, poiché viviamo in un tessuto sociale fatto come di tante cellule, ove una cellula comunica comunque con l'altra, e quella più evoluta trasmette la sua più elevata condizione alle altre che la circondano, contagiandole, in questo caso positivamente, aiutandole a fare altrettanto nel seguire il suo esempio. Per cui l'evoluzione dell'una diventa anche quella dell'altra.

E' naturale che chi ti veda sempre sorridente e leggero, pur a dispetto di tutti i tuoi normali "guai" della vita, magari più ringiovanito e capace anche di guarire gli altri, si debba chiedere spontaneamente come faccia tu a stare in tali condizioni, a fare certe cose. Si chiederanno e ti chiederanno quale ne sia il segreto. E vorranno impararlo da te! Sicchè la fatica che avrai fatto per migliorarti si rivelerà ora preziosa anche per migliorare loro!

Si cerca spesso l'equilibrio perfetto della salute nella fisicità stessa, vedi la cultura fisica, vedi la dieta, vedi la nutrizione, ma queste cose, pur importanti, soprattutto quando non molto rispettate, rappresentano pur sempre dei fattori collaterali e non centrali nell'economia del nostro benessere psicofisico globale. Se non sono perfetti i nostri meccanismi di energia e di coscienza, il nostro equilibrio motore profondo intendo dire, tutto il resto resterà solo una sorta di specchio per le allodole.

Non dimentichiamo che le nostre abitudini alimentari o fisiche sono comunque condizionate dai nostri equilibri psichici e quindi di energia e di coscienza dimoranti in noi al presente. Rappresentano un po' delle conseguenze, diciamo dei terminali piuttosto che le cause vere e proprie, come noi

preferiamo più spesso vederle. Se uno mangia di più o mangia di meno, ad esempio, non sempre è solo per un fatto del corpo o di abitudine, ma più spesso è per un fatto mentale. V'è qualcosa in quel soggetto che lo sta spingendo verso quel regime alimentare abnorme, v'è uno squilibrio nel profondo.
Quando i nostri equilibri sono ottimali, si ottimizzano da sole anche le abitudini alimentari e fisiche, e questo in quanto il nostro corpo reca già in sé una sua saggezza comportamentale di fondo, un'omeostasi che viene spesso minata ed oscurata da forze sinistre che scompaginano e disastrano i nostri più naturali, fisiologici ed efficaci meccanismi di funzionamento. Noi guardiamo poi al comportamento alimentare o fisico, lo critichiamo e cerchiamo di correggerlo. Ma le vere cause? Quali ne sono le vere cause?
Nessuno mangerebbe smisuratamente, in eccesso o in difetto ovviamente, o si intossicherebbe con sostanze le più svariate se non fosse spinto da una precisa e forte pulsione di fondo. Inconscia, naturalmente. Nessuno si cerca deliberatamente e per gusto il proprio male! Questo non piace proprio a nessuno!
Se uno cade in certe trappole, dunque, è perché c'è qualcosa che ce lo spinge dall'inconscio, non per gusto.
Ed è il motore del corpo-mente a gestire automaticametne queste cose. Accade così che molti nutrizionisti e naturopati riescano a riequilibrare situazioni psichiche complesse in soggetti decisamente squilibrati sul piano energetico e quindi psichico. E' un modo inverso questo di approcciare la terapia. Riesce perché si aiuta la persona a quadrare i propri conti di fondo partendo in questo caso dal terminale del processo, della catena degli eventi, dallo squilibrio alimentare. Ed è un modo attraverso il quale la persona inizia in realtà a rieducare i propri equilibri psichici ed a ruota anche quelli energetici. Ecco perché funziona. Ma non sempre.

Resta tuttavia che l'avvio del processo di riequilibrio è sempre energetico e psichico, e che se esiste una qualche tecnica di terapia capace di intervenire anche indirettamente su tali meccanismi, essa agisce allora anche sulla cascata terminale degli eventi fisici. Analoga considerazione potrebbe essere trasposta al riguardo dell'Autosviluppo d'Energia. Se tu riesci a portare avanti un lavoro di amplificazione e sviluppo della tua energia mentale da solo, allora diventi il medico di te stesso, e riequilibrando nel tempo i tuoi bilanci d'energia automaticamente riequilibrerai anche i tuoi equilibri psichici e le tue abitudini alimentari e fisiche. Il tuo stesso corpo te lo chiederà. Poiché il corpo ha una sua naturale economia, una sua naturale omeostasi, una sua saggezza innata.

Ciò che a noi spesso viene meno nel permettere al corpo d'essere se stesso è proprio l'energia psichica. Poiché funzioniamo come vasi comunicanti, ove vige una circolazione d'energia che va dallo psichico al corporeo e viceversa, uno scambio continuo, una redistribuzione automatica delle forze vitali che procede dal somatico allo psichico e poi anche al contrario. Qualsiasi fattore alteri questa fruttuosa re-circolazione d'energia, e che rappresenti un ostacolo alla ulteriore generazione di energia mentale, qualsiasi fattore ci impedisca questa fisiologica rigenerazione interna d'energia, comporta decadimento e svilimento delle funzioni psichiche e corporee, una sorta di debito di ossigeno che in linguaggio popolare noi chiamiamo "esaurimento nervoso", termine che, vai a vedere bene, non è lontano affatto poi da ciò che accade veramente: una riduzione delle nostre riserve d'energia.

Gli squilibri d'energia causati dallo stress comportano dunque squilibri nella omeostasi dei meccanismi fisiologici del corpo (salute ed efficienza d'organo), oltre che nei meccanismi della mente (pensiero ed emozioni), come già abbondantemente analizzato. Riequilibrando gli squilibri di energia, si riequilibreranno automaticamente i meccanismi omeostatici del corpo, e con esso le abitudini alimentari o voluttuarie più o meno sbagliate o aberranti, vedi cibo, fumo, alcool, sedentarietà, ecc.

Il corpo è una macchina potenzialmente già perfetta. Ma quando una qualsivoglia noxa psichica ne blocca in qualche modo il necessario apporto (amplificazione) o il ricambio di energia (blocchi emozionali, sessuali, stress, ecc.), ecco che il corpo va in sofferenza, distrettuale o globale, e questo in base alla gravità di tale carenza-negazione. Basterà re-incrementare il circolo dell'energia, perché il corpo torni a "respirare", e perché la sua omeostasi naturale torni ad essere regolarmente garantita.

Capitolo 14

La nuova pratica dell'Autosviluppo d'Energia

Veniamo alla pratica. La pratica dell'Autosviluppo d'Energia possiamo paragonarla a quella di una comune seduta di meditazione. Quantomeno nella forma, mentre diversa ne è la sostanza.
Quello che proponiamo specificamente, qui, è una induzione di gruppo. Una pratica avviata in gruppo non ha la stessa valenza di una avviata a livello individuale. E già questo vuol essere un primo punto di fondamentale differenza. Il maestro nel nostro caso è un po' il medico che si fa carico di catalizzare l'energia mentale di tutto il gruppo dei discenti, preoccupandosi di generare un potenziale d'energia che andrà a distribuirsi poi in tutte le menti e le coscienze dei partecipanti.
Non è pratica che possa essere da alcuno improvvisata questa, richiedendo una preparazione di anni, di studio e di esercizio, di autosviluppo personale. Il confine tra ciò che possiamo interpretare come medico e ciò che fa da maestro diventa qui sfumato. Ci troviamo davanti ad una concezione nuova, che

rivoluziona i vecchi sistemi tecnici e teorici di interpretare la meditazione, una concezione che disarciona gli antichi sistemi religiosi e filosofici di leggere la meditazione, per abbracciarne uno scientifico, fatto di amplificazione d'energia, di frequenze mentali, di campi elettromagnetico-mentali.
Del vecchio possiamo salvare giusto la posizione a sedere del praticante, che dev'essere tradizionalmente con la schiena diritta, e ciò per favorire la risalita dell'energia verso l'alto, mentre la testa rimane diritta, con lo sguardo un po' verso l'alto e quasi sperso nel vuoto. Il concetto di sguardo qui assume valore relativo, poiché gli occhi resteranno chiusi. L'induzione del processo mentale verrà promossa dal maestro, dall'esterno, per cui sarà egli stesso a dirigere in qualche modo la "vista interiore" dell'allievo.
Si consiglia una normale sedia, ma ovviamente se qualcuno avesse familiarità con le antiche posture di tipo orientale, a gambe incrociate o affini, è libero di adottarle; quello che conta è che la schiena sia diritta, e sia lasciata libera, senza poggiare su alcuno schienale. Ma anche qui siamo nella relatività, per cui non si esclude che uno possa anche sviluppare il proprio campo d'energia mentale standosene comodamente all'in piedi, o proprio sdraiato per terra! Tutto è relativo qui. E noi rifugiamo volentieri dagli schemi. Le nostre indicazioni rappresentano pertanto linee-guida di massima, non di più. Ognuno potrà affidarsi serenamente al proprio istinto dunque, senza tema di sbagliare!
Ma veniamo all'induzione. Ciò che contraddistingue e diversifica questa nostra induzione di autosviluppo d'energia rispetto ad altre è intanto il contesto di gruppo nel quale essa viene propiziata, ossia quella straordinaria opportunità di amplificare più energia proprio nell'essere in tanti in tale preziosa circostanza di avviamento. Non sarebbe la stessa cosa se una tale "iniziazione" dovesse avvenire con una persona

sola. Lavoro che ogni singolo partecipante dovrà necessariamente poi proseguire per proprio conto a casa, ma che è vitale che venga avviato inizialmente in gruppo.
L'amplificazione complessiva d'energia è tutt'altra cosa dunque, e nel ripetersi di tali incontri iniziatici di gruppo, il potenziale di campo mentale complessivamente sviluppato si fa ad un certo punto consistente, e si distribuisce vantaggiosamente a favore di ciascuno dei partecipanti. Iniziazione questa che assume intanto tutti i canoni di una terapia, almeno in apertura, tendendo il primo lavoro d'energia a promuovere prevalentemente questo. Vi sono troppi sbarramenti inconsci sicuramente nel neofita, trovarvi porte già bell'e spalancate rappresenterebbe a tale stadio solo un'utopia, una fervida immaginazione! E le porte chiuse si aprono solo strada facendo e bussando consistentemente!
Insostituibile ora l'apporto del medico-maestro, in questa prima fase di avviamento del processo. Una fase dal sapore terapeutico come dicevamo, nella quale il discente deve più ricevere che dare, disponendosi in pratica in un atteggiamento dal sapore passivo, di chi debba essere curato più che di chi debba autocurarsi. L'autocura è atteggiamento attivo proprio di una fase più avanzata, successiva.
Prima di sedere tuttavia, e di dare vita al cerchio, sarebbe opportuno affidarsi ad una buona pratica di respirazione, che ha lo scopo di muovere già l'energia e predisporre al momento successivo di profondità. Soprattutto per chi è profano di queste pratiche e quindi vi si affaccia per la prima volta, dare vita ad una pratica di "respirazione dinamica", questo è il nome della metodologia da noi selezionata, ovviamente in gruppo, migliora le possibilità di inserimento utile e immediato in questo nuovo meccanismo.
In questa speciale pratica respiratoria, si accoppia al movimento armonico del corpo una impostazione speciale

della respirazione. Inutile dire quanto valore abbia una respirazione condotta ad arte, finalizzata cioè a smuovere l'energia ed a favorire il suo re-circolo nel corpo-psiche del soggetto. Lo dimostrano pratiche millenarie quali il Pranayama ad esempio. Ma quanto importante è anche il movimento armonico del corpo, quando lo si sincronizzi con la respirazione stessa, come dimostrano pratiche millenarie come il Tai Chi Chuan.
La nostra metodologia risulta essere tuttavia un rimodellamento di tale sincronia di movimento e di respirazione, tutto personale. Abbiamo selezionato pochi movimenti ben precisi, ai quali affidare tutta la potenza del ricambio d'energia. Una pratica snella ed efficace dunque. Quanto di meglio per preparare tutto il corpo-psiche alla successiva pratica della concentrazione guidata.
Il primo passo verso l'iniziazione è dunque rappresentato dalla respirazione dinamica. In quel piccolo atto si sprigiona già tanta di quella energia da rinnovare in qualche modo il proprio campo, e questo tanto più in forza del fatto di sperimentarsi in un contesto di gruppo, il che offre, come già visto, superiori vantaggi. Tutta l'amplificazione d'energia che scaturisce risulta più possente.
Segue la fase del canto. Un vocalizzo di gruppo ha un potere davvero eccellente nel riarmonizzare il campo mentale collettivo e favorire un'ottima fusione di coscienza tra i presenti. L'energia sonora è vibrazione, e tutto ciò che è armonico concorre a riequilibrare l'armonia del corpo-mente, qualunque sia la condizione con la quale si approccia l'esperienza. Il vocalizzo è molto semplice nella sua esecuzione, e la sua ripetizione in coro favorisce un'innalzamento dell'energia di gruppo, di grande valore.
Non siamo in una chiesa qui, e le sensazioni lasciano sempre il tempo che trovano. E' il fine tuttavia quello che conta, e non il

mezzo usato. Beh, ognuno è libero di farsene l'idea che gli pare, ma da che mondo è mondo le energie sonore, specie nelle pratiche orientali, hanno rappresentato un vettore non indifferente di potere. I vari mantra sono nati sulla base di speciali vibrazioni sonore, ed in passato asceti e maestri utilizzavano la via del suono addirittura per operare prodigi. Stiamo cercando di dire che l'energia sonora è innanzitutto armonia, che poi è ciò che a noi qui prioritariamente interessa, ma poi è anche un potere d'energia, un canale lungo il quale è possibile evocare fenomeni tanto nella sfera mentale quanto in quella fisica.

Parliamo di cose che solo un maestro è in grado di maneggiare, e certo non adatte a chi si approcci a questo genere di cose per la prima volta. Dal nostro canto, prediligiamo in questa nostra scuola la via della mente collettiva proprio per accelerare, attraverso la pluralità, quei processi di crescita e di potere altrimenti ostici a manifestarsi nel singolo.

Quando sei in un gruppo come il nostro, puoi in poco tempo fare cose che in quelle antiche pratiche avresti fatto in parecchio tempo. Questo è tutto il peso di una scienza, e delle sue implicazioni nel pratico rispetto a certa tradizione, talvolta sovraccarica di ritualità, di pregiudizio, di schematismo. Noi non adottiamo schemi. E chi è pronto ad un salto, passa automaticamente ad un livello successivo di esperienza. Tutto dipende da chi sta ricercando, dalla sua applicazione, dalla sua determinazione, dalla sua costanza nella pratica.

Dopo la respirazione il canto dunque. Col canto la vibrazione si innalza ulteriormente, per cui l'energia si dispone verso nuovi gradi di ascesa e di amplificazione. L'ascesa, ripetiamo, va intesa in senso "fisico", in attinenza alle energie più vicine alla corporeità (energia sessuale), ed in senso più sottile in termini di innalzamento della frequenza vibratoria del campo d'energia, che si proietta alla fine oltre il corpo, e si può espandere fino a tutto l'universo.

La fase del canto può accompagnarsi, se del caso, ossia qualora vi sia già sufficiente intesa tra i presenti, ad una vera catena di mani tra i partecipanti, cosa che ancor meglio incentiva l'amplificazione globale del campo d'energia di gruppo, a vantaggio alla fine di ciascuno. Si cementa di più in tal modo l'unione tra i protagonisti, il che dà di più. Questo cerchio non va interpretato come gruppo di preghiera, né come catena spiritica. Non c'è nulla qui da interpretare: si tratta solo di un mezzo tecnico per amplificare più energia e per cementare più coscienza.

Giusto il tempo di andare tutti assieme più in profondità peraltro, dopo di che ognuno recupera la propria autonomia fisica individuale, per guadagnare presto la propria posizione a sedere. Da qui ha inizio la fase della concentrazione vera e propria. Tutto ciò che l'ha preceduta è servito da preparazione. Tutti restano in silenzio, ed è il medico-maestro a dare avvio alla silenziosa quanto sotterranea azione di amplificazione d'energia, in favore di tutto il gruppo. Egli poi, utilizzando la parola, guida i componenti del cerchio spingendoli verso stati mentali più profondi. Utilizza affermazioni studiate, che mirano ad aprire certe porte dell'inconscio, favorendo stati emozionali particolari e terapeutici. Il tutto viene favorito dalla forza di campo di volta in volta complessivamente sprigionata.

E' tutt'un'arte quella di suggerire anche in modo sottile all'inconscio (o anima) di ogni soggetto operazioni-chiave che danno accesso a speciali forme di reazione. L'inconscio viene spinto verso determinate forme di risposta, talvolta anche un po' provocatoriamente, ma questo allo scopo di scavalcarne le barriere razionali. Ed è stato visto e dimostrato, direi con l'immensa scuola di Milton Erickson, quanto valore assuma la comunicazione, con tutti i suoi più sottili risvolti, nel trasmettere all'inconscio questa o quell'altra forma di stimolo-reazione. Ovviamente a scopo terapeutico.

E' un'arte sottile e studiata questa, mai frutto di improvvisazione, specie quando si toccano tasti abbastanza delicati della vita interiore. Lo scopo ultimo è quello di portare la mente inconscia del soggetto e quindi la sua energia ad amplificare stati di potenza sempre maggiori, esattamente quello che poi serve per poterne ricavare altrettanti benefici o effetti, quali ad esempio la guarigione.

Una persona impreparata a questo mondo del profondo, ossia il profano, che poi rappresenta la gran parte della gente che si avvicina a questa metodica, non conosce molto di sé. Pertanto si porta dentro porte chiuse, non ultimo nel suo stesso DNA, che darebbero accesso invece a notevoli amplificazioni di energia ed a reazioni utili e positive, terapeutiche per prima cosa, a vantaggio di sé stessa. Ecco allora che il maestro-medico deve guidare per gradi tutte le menti psichiche in gioco in questo misterioso percorso, verso frontiere di reazione e di auto-scoperta a dir poco affascinanti, e direi anche di enormi possibilità, mai sondate prima dal soggetto. Ed è così che, strada facendo, una persona in un primo momento estranea a certe esperienze del profondo, si ritrova all'improvviso a compierne di straordinarie, o quanto meno affascinanti, se non talvolta inquietanti.

Qualcuno si sente raddrizzare la spina dorsale da sola, qualcun altro si sente aprire le vie respiratorie dapprima bloccate, altri ancora vivono fenomeni luminosi assolutamente inattesi, alcuni ancora effluvi odorosi, tutti fenomeni che poco hanno da invidiare a tanti di quelli che alcuni vivono nella circostanza di certe pratiche di stampo religioso. E questo a dimostrazione che questa nostra scienza implica ogni possibilità: filosofia, religione, teologia, paranormalità. Certe scissioni ideologiche le imponiamo razionalmente solo noi.

Ma il nostro inconscio, quando viene adeguatamente imboccato, o alimentato se si preferisce, ci dà risposte che noi nemmeno sogneremmo. Classificarle, a quel punto, è discorso da polli! A che servirebbe? L'inconscio, ossia la tua anima, ti avrà parlato attraverso messaggi precisi, il più delle volte a carattere riparativo o migliorativo. Insomma attraverso dei fatti. Ed i fatti non possono essere discussi. I fatti sono verità!

Il punto di arrivo di questa metodica è rappresentato dal raggiungimento di uno stadio di amplificazione di notevole portata, e questo lo si ottiene attraversando una serie di porte psichiche profonde, che dovranno aprirsi una alla volta, o quantomeno essere indotte ad aprirsi una alla volta. C'è come un effetto sommativo nei vari passaggi che si fanno: a mano a mano che si va più in profondità, si attraversano porte più profonde, e questo innalza paradossalmente l'energia e la frequenza del proprio campo d'energia. Si mira all'esplosione finale di un forte potenziale quantico-mentale d'energia, ed alla confezione di una parola-chiave, meta naturale di questo percorso verbale ed energetico guidato, che verrà dichiaratamente consegnata alla fine ai discenti che partecipano.

Quella sarà la loro chiave di auto-sviluppo, ed a casa essi potranno utilizzarla come strumento di lavoro mentale autogestito.

Capitolo 15

L'unità col Tutto

Sicchè attraverso questo straordinario ed innovativo metodo dell'autosviluppo indotto in gruppo, ogni discente ha possibilità di portarsi a casa una grossa fetta di torta dell'energia complessivamente generata. Il lavoro ovviamente dovrà essere proseguito a casa propria, ove ognuno avrà opportunità di portare al massimo profitto tutto quello che si è prodotto in quel magico contesto plurale.

La volontà rappresenta in questi casi il propellente principe per un proficuo lavoro di sviluppo personale, nel tempo. Tutto sta a noi, ad ognuno di noi.

A casa potrai applicarti nel tuo lavoro mentale (possiamo anche chiamarlo sinteticamente così) per mezz'ora o per un'ora al giorno. Ma è chiaro che applicandoti di più aumenterai le tue possibilità di sviluppare il tuo potenziale mentale complessivo. Dopo la poderosa spinta ottenuta nella iniziazione di gruppo, lavoro che prosegue peraltro per una serie di incontri pianificati, a crescente sviluppo del campo complessivo d'energia, ti sarà più facile poi lavorare a casa tua anche da solo. Avvertirai più spinta dentro di te, quella che non avresti avuto se fossi partito sin dall'inizio in maniera solitaria.

Questa metodologia si presenta ai nastri di partenza come una procedura unificante un po' per tutti; ma è naturale che non tutti partono con la stessa spinta di fondo nell'anima. Qualcuno proviene presumibilmente da piani di evoluzione di caratura superiore, di cui non ha memoria ovviamente, e questo spiegherebbe certa maggiore sensibilità e predisposizione, certa maggiore reattività verso i vari stimoli e passaggi offerti dal cammino stesso. Ma poco importa. In fondo tutti fanno lo stesso percorso, e prima o poi tutti finiscono con lo sviluppare energia e consapevolezza.

La metodologia si ripropone dunque in modo stereotipo e standardizzato, ma a mano a mano che ci si immerge in questo nuovo tipo di esperienza, è naturale il manifestarsi di nuove esigenze del profondo, passaggi o step del tutto personali che attingono spontaneamente a quel nuovo e perentorio slancio d'energia e di coscienza, promossi nel soggetto. Il primo di tali step, direi quasi di routine, è rappresentato generalmente dall'autoguarigione.

Ci portiamo dentro tali e tanti problemi nel qui ed ora, ciascuno di noi, lì giù nel profondo, che essi non si faranno certo pregare a saltare fuori alla ribalta già al primo impatto con questo prorompente "lavoro" di energia. Se saremo riusciti, intanto, a resistere all'inevitabile contro-spinta propinata dalle forze oscure dell'inconscio, una istigazione ovviamente alla "fuga", beh, potremo già considerarci a giusta ragione abbastanza fortunati, o liberi per meglio dire. E' una sorta di esame quello del primo impatto, in fondo, dove i meccanismi di difesa e di "acting out", di fuga dalla terapia per intenderci, sono sempre lì, già pronti a scattare.

Una sorta di test, nel quale viene messa a collaudo tutta la nostra predisposizione spirituale di fondo, la nostra vera determinazione a proseguire lungo questo cammino, sì un po' duro, ma tanto gratificante per la nostra vita. E quando falliamo questo esame, ogni pretesto sarà buono per defilarci da questa "inquietante" esperienza: non ci piace l'ambiente, non ci piace la tecnica, non ci piace la gente, magari non ci piace neanche il professore! O improvvisamente non abbiamo tempo! Beh, tutti pretesti! Ed è facile rimediarne per tutti i gusti!

Quando dentro di noi i "no" sono più forti dei "sì", trovare motivi a se stessi più o meno accreditabili per allontanarsi dalla via maestra ed efficace, che può davvero liberarci dalle nostre tare profonde, sarà facile come la luce del sole! Troveremo sempre e facilmente cinquantamila motivazioni per ripiegare su noi stessi e per defilarci da quella situazione di crescita che la negatività vive come una "minaccia", una situazione di pericolo paradossalmente. La negatività fa il proprio interesse ovviamente, e quando essa è forte in noi i suoi "no" sono prevalenti sui sì. Ecco allora che la nostra logica razionale si piega a quei no, trovando sempre facili argomentazioni per smontare qualunque motivo possa trattenerci in quella esperienza di liberazione. La negazione predomina e con essa la fuga. A vantaggio di chi?

Quante volte ad esempio si assiste al fatto che alcune persone non accedono neanche al primo incontro della nostra "iniziazione", evitandolo come un demone già ancor prima di mettervi piede! Quelle stesse persone che in un secondo momento potrebbero reagire già diversamente, essendo cambiato magari qualcosa nel loro scacchiere di energia e di coscienza, e quasi sempre a seguito di una qualche esperienza disarcionante. Vien da chiedersi: ma è proprio necessario farsi male per capire?

L'essere umano pare proprio reclamare severe stangate evidentemente, per accedere alla comprensione vera, per aprirsi a nuove verità, per allargare i propri orizzonti visuali ed ammettere oggi ciò che rifiutava ieri. Che controsenso! Ed è una questione di luce; tutto dipende dal grado di luce che abbiamo fino ad oggi conseguito.

La resistenza interiore è spesso molto forte, e quando arriva a negare ad una persona questa speranza di cammino, allora essa le sta negando anche una grossa possibilità di affermazione di se stessa nella vita. I no stanno avendo la meglio sui sì.

Il primo scorcio d'esperienza, nel nostro nuovo cammino di Autosviluppo d'Energia, sarà improntato dunque principalmente all'autoguarigione. Ognuno di noi si porta dentro molto materiale negativo, sentimenti oscuri dai quali dovrà adeguatamente ripulirsi, e questa è opera di alta energia, ciò che da soli faremmo molta difficoltà ad eliminare e tanto meno a scrutare. L'alta energia mentale che favoriamo nel contesto iniziatico di gruppo ha proprio questo scopo prioritario: favorire l'autosservazione e quindi l'epurazione naturale di tutto quello che di più sporco, aberrante ed imperfetto e impuro ci portiamo dentro. Quanti sono i comportamenti distruttivi dei quali siamo vittime, giochi spesso di potere, di connivenza insana anche con altri? Giochi sado-masochistici, modalità di interazione non sempre edificanti e positive, magari perverse.

Uno sta ad un certo gioco dell'altro perché in fondo gli sta bene; in un'ottica tutta aberrante. Quanto sado-masochismo ci portiamo dentro? E da dove ci proviene? Sicuramente dalla nostra storia passata, dai rapporti vissuti innanzitutto con i nostri genitori, le figure parentali per noi di primo piano e di riferimento, ma spesso anche con parenti assurti al ruolo di guida, in sostituzione di genitori morti o proprio mai esistiti.

Ognuno di noi si porta dietro un coarcevo di vissuti non sempre molto edificanti; d'altronde siamo immersi in campi di forza a polarità soprattutto negativa. La negatività, qui in questo nostro mondo, la fa insomma da padrone, e gli effetti poi si vedono. Ci contagiamo l'un l'altro peraltro facilmente, comunicandoci anche inconsapevolmente i nostri punti oscuri, ancorchè quelli di forza. Ma i punti negativi, che si esprimono in comportanenti generalmente distruttivi, lasciano purtroppo il segno, scavando solchi profondi nella nostra anima, e lasciando ferite aperte, lacere e doloranti, che facciamo fatica nel tempo a risanare, e talvolta finanche a riconoscere. Ne subiamo intanto tuttavia la pressione sotterranea, che ci porta a comportarci in determinati modi senza neanche capirne il perché. Capiamo a pelle talvolta doverci essere qualcosa di insano che fomenta dal profondo, ma ne subiamo gli effetti in modo passivo, rimanendocene nel ruolo di impotenti e sgomenti osservatori.

Ebbene certa carica di distruttività ci proviene assai spesso da antichi rapporti vissuti coi nostri genitori, o con figure parentali ad essi vicine, zii, nonni, o con fratelli e sorelle, o tutori che ne hanno fatto le veci, o altri precettori. E sono storie spesso di violenze subite anche in tenera età, talvolta anche solo morali, qualche volta anche fisiche e spesso sessuali. Sono storie di rapporti vissuti all'epoca come penalizzanti, non certo gratificanti, storie che hanno seminato in noi disistima, complessi vari, sensi di colpa e tanto altro.

Storie che hanno lasciato il segno, storie che ci hanno fatto male.

Non dobbiamo stupirci poi se "da grandi" ci ritroviamo ad odiare gli uomini o le donne, oppure anche a tollerare l'altro sesso ma ad operare sottili ritorsioni, vendette trasversali verso di esso, gestioni di potere nelle quali tutto quello che si ordisce è solo un perverso bisogno di ribaltare un'antica frustrazione nel suo opposto, cose poi che non garantiscono alla fine tutta questa gioia! Poiché la vera gioia sta nel retto sentire e

nell'amare gli altri, non nell'odiarli e nel danneggiarli per vendetta.
Ed il nostro mondo è pieno di queste contorsioni. Io vivo per farla pagare a quell'amico, o per ridicolizzare alla prima occasione mio marito, o roba del genere! Un copione arido e stucchevole che si ripete quasi di routine in questa nostra leggiadra società, altro che amore, altro che piacere, altro che orgasmi! Qui pare di trovarsi più che altro su uno spietato campo di battaglia!
E questo è solo un campione di quanto noi uomini ci portiamo dentro. Altro che amore, altro che gioia! E tanto altro ancora. E tutto questo poi in che cosa va ad esitare? In reazioni aberranti, psichicamente intendo, che diventano puntualmente stress, manipolazione, perversione, tutto quello che ci produce solo sofferenza e non certo appagamento, felicità vera, realizzazione. Altro che realizzazione! Qua c'è da scrivere talvolta solo un libro degli orrori!
E questo è il nostro varioponto mondo psichico. Da quanto di questo ciarpame dobbiamo liberarci e di quanta energia abbiamo bisogno per guardarci dentro e piano piano destabilizzare anche da soli tutto questo immondezzaio interno? Tanta amico mio, tanta! Una montagna!
E tu dove sei stato fino ad ora? A vagare per il mondo delle illusioni? Hai continuato a farti male, o hai continuato a subire nel tuo stesso corpo. E la chiave? Qual è la chiave di tutto? Sei tu stesso. Devi guardarti dentro e ripulirti. Osservarti, scoprire le tue oscurità e ribaltarle in luce. Con la potente energia che la tua pratica di autosviluppo può forniti, non ultimo grazie alla superiore spinta offerta dal gruppo, supportata ovviamente dall'opera del medico-maestro, che non ti negherà mai una mano nei tuoi incagli delle profondità dell'anima, nell'aiutarti a leggere i tuoi vissuti, ed a rivisitarli nella luce, a cambiare

pelle, a diventare positivo e vincente, insomma una persona nuova.
Gli effetti dell'energia sono potenti e si fanno sentire sin da subito. E' come scoprire tutt'un altro mondo dentro di sé, e vedere che v'è qualcosa che si muove oltre il razionale, oltre il mondo del calcolo e del ragionamenteo sul quale si era fatto affidamenteo fino al giorno prima. V'è qualcos'altro, v'è molto di più. Qualcosa che va oltre, qualcosa che gestisce, qualcosa che ha potere, ma un potere vero, che muove le cose, non una illusione come quelle che ci creiamo noi. E allora capisci che dovrai salire su quel nuovo ed invitante carro superiore, diventare parte integrante di quella eletta ciurma. Solo allora potrai incominciare a sentirti nella vera cabina di regia della vita: il motore degli eventi, non le tue illusioni della mente.
Qualcosa di oggettivo che muove la realtà, non le sole fantasie. Che vivono in te ma non muovono niente.
E' l'energia suprema quella che muove il mondo, e tu ti stai avviando a generare energia suprema ed a riconoscerti un giorno in essa. Allora ti starai incamminando verso l'essere vincente. E ciò che farai, penserai, non sarà più semplice illusione: sarà un fatto, sarà la forza trainante che muove le cose, finchè tu stesso non diventi quelle cose, quel potere che col razionale non ha più niente a che spartire. A quel punto sarai uscito dalla dimensione dell'avere (terza dimensione) e sarai entrato in quella dell'essere (quarta-quinta dimensione). Ora tu sarai le cose.
Non più un concetto di avere dunque, poiché questo implica un dualismo tra soggetto e oggetto, mentre l'essere è una condizione unitaria: non ci sono due cose: ve n'è una sola. E sei tu.
Comprendi la sottile diferenza? Se tu sei le cose, tu muovi le cose e le cose vengono a te. Ma automaticamente e senza sforzo. E' tutt'un altro equilibrio di coscienza, rispetto a quello

comune della gente, ove esiste una spaccatura netta e pericolosa tra loro e le cose: loro e la bolletta da pagare, il fitto da onorare, l'auto da riparare, e tanti altri "oggetti" della loro vita. Nella tua percezione di coscienza non vi sono più oggetti: tu sei l'una e l'altra cosa. Così la sofferenza svanisce, poiché non c'è più la "lotta per la conquista degli oggetti": v'è una sola grande realtà e sei tu!

Ma il primo passo da compiere in questo percorso di conquista è il "distacco dalle cose". Staccarsi dalle cose vuol dire rompere quell'incantesimo negativo del dualismo, e recuperare il senso di unità col Tutto. Se nel tuo essere inglobi tutti gli esseri, tutte le cose, il dualismo tra te e loro è finito. Tu sei tutti gli esseri e tutte le cose. Questo porta solo a concepire il bene, poiché non faresti mai niente di male contro ciò che è in fondo una parte di te, qualunque cosa o essere sia! Questo porta al ritorno di azioni positive, e quindi al merito, al guadagno nella vita. Questo porta anche alla pacificazione con tutto e con tutti, poiché sono parti di te. Pace, benessere, karma positivo diventano dunque automatici frutti di quella condizione di coscienza.

Sarà insomma solo un gran bel gioco, pulito e divertente, improntato solo al bene, e nel bene c'è solo il ritorno del bene, mentre nel male v'è solo ritorno del male, quello che ti intrappola e ti tiene avvinto dentro al circolo vizioso della sofferenza. Dovrai guadagnare tuttavia gradi di energia che ti mettano nella condizione di raggiungere e di vivere stabilmente un simile stato di coscienza, quindi di percezione e sperimentazione della realtà.

Il primo punto dal quale partire nel qui ed ora, tuttavia, è la ripulitura dalle tue vecchie tare negative, i tuoi traumi, i tuoi condizionamenti di pensiero, i tuoi giochi psichici perversi, le tue relazioni perverse, i tuoi masochismi, i tuoi sadismi, o anche solo le tue lacune della personalità, i complessi, le paure, tutti i conflitti anche più banali. Te ne devi liberare. E per fare questo ci vuole energia. E' questa la via che ti libera dalla sofferenza, dalla malattia, dalla prigionia mentale.

Non dimenticare che la tua mente è facile preda di pregiudizi, di idee restrittive ereditate dal sistema nel quale vivi, a partire dalla famiglia, a giungere alla scuola, alla società con i suoi luoghi comuni ed i suo giochi di potere, non sempre mirati al bene supremo, o comunque al bene vero e proprio per la gente. Siamo oscuri dentro, anche quando non ce ne rendiamo conto. Ed anche tu non sfuggi a questa regola. Nessun essere umano è puro.

V'è molto egoismo in noi, molto sadismo, molto masochismo, molta strumentalità, molta ambizione, e spesso questo va in danno degli altri purtroppo. Quando non dev'essere così. Dobbiamo arrivare ad essere noi stessi, non quello che ci impone il mondo coi suoi giochi oscuri, anche genetici, e cercare di non essere mai di danno ad altri, anzi possibilmente cercare d'esservi di aiuto. Allora sì che avremo ribaltato tutto questo ciarpame oscuro in qualcosa di luminoso e costruttivo. Allora ci sentiremo veramente in pace ed in armonia con tutti, con noi stessi per primi. Allora diventiamo specchi di luce, vetri smerigliati attraverso cui fare filtrare i potenti raggi della suprema energia di luce. Allora saremo un vero potere vivente. Ed il bene sarà solo una conseguenza naturale.

Capitolo 16

Autorealizzarsi

Il primo scorcio di crescita nel cammino dell'energia è quello che consegna al discente un primo grado di auto-guarigione. Le tare oscure sotterranee vengono spinte alla superficie con forza ed autosservate: il soggetto ne prende coscienza e le supera, le destabilizza proprio osservandole, guardando in faccia i propri meccanismi di difesa-offesa, che mette in atto con se stesso e con altri. E' un primo grado di purificazione.
Problematiche del corpo e della mente che erano proiezione di quelle energie distruttive appena ricacciate via dal proprio essere, vengono ora improvvisamente debellate, superate, e scompaiono. Lo stato di salute, di vigore psicofisico e di benessere globale cresce a vista d'occhio. Tutti i cicli corporei si normalizzano, là ove potevano essere fisiologicamente sconvolti o aberranti. Abitudini del corpo relative ad esempio all'evacuazione dell'alvo o anche al tipo di alimentazione subiscono una modificazione automatica e talvolta anche significativa. L'omeostasi generale dell'organismo si ristabilizza su livelli di efficienza ed armonia. Sono i primi e più immediati effetti dell'energia.

Il tono dell'umore acquista una consistenza più francamente allegra e fiduciosa, e lo stato di motivazione tutta con il quale si affronta la vita quotidiana compie un salto di caratura nettamente superiore. Ci si sente più entusiasti, ed anche piccole cose che un tempo passavano per insignificanti ora acquistano un valore, una bellezza, un sapore, una luminosità che poco prima non avrebbero riscosso.

Tutta la realtà pare farsi più invitante, quasi sia un pasto ben più succulento da mangiare, un vero invito alla vita e alla scoperta, alla sfida, ora vissuta con piglio positivo, affascinante, avventuroso. E' l'effetto dell'alta energia. Non più grigiore, ma piacere, non più mancanza di significato ma senso profondo e pieno delle cose, non più svagatezza e superficialità, ma attenzione piena a cose e situazioni, significati, eventi, personaggi, movimenti della vita. Pienezza insomma.

Nulla è più inutile, nulla è casuale. Tutto ha un suo disegno. Tutto acquisisce un suo fascino attraente. E' bello ritrovarsi immersi in un simile viaggio di scoperta, che non sai dove ti porti, ma che avvince. E domani? Tutto ora diventa possibile. E' il primo impatto, questo, giusto il primo scorcio della grande svolta. Ed è solo l'inizio di una trasmutazione senza fine: cosa può arrivare a manifestare e ad impersonare nel tempo il tuo essere? Forse faremmo prima a chiederci piuttosto: dove può non arrivare?

Ripulirsi l'anima dunque per prima cosa dal passato e dalle sue brutture, ma anche la mente dalle sue illusioni. Una alla volta, direi. E sei in un percorso nuovo, ove tutto ti appare diverso, come se tu fossi in un altro mondo. Il mondo "esterno" è quello, ma tu sei diverso e lo vedi con occhi diversi. E' questo che cambia.

E per te è come una prima volta, capisci? Tutto comincia ad apparirti in modo diverso, e questo è il bello, poiché tutto si rapporta a noi per come noi lo percepiamo. E' questo il segreto più intimo della conoscenza: il nostro occhio osservatore, il punto dal quale osserviamo la realtà. In base al tuo punto di osservazione tu la qualifichi.

E più cambia la nostra ottica e più cambia la dinamica della realtà, i suoi movimenti, i suoi meccanismi, ma oggettivamente, nel concreto quotidiano, non nella fantasia! E' come essere in un altro mondo, e chiedersi: ma dove sono stato fino ad oggi?

Semplicemente avevi cristallizzato la tua realtà nelle tue posizioni preconcette di pensiero, le tue convinzioni di sempre, ed ora che le smuovi, ora che ti sciocchi, e che ti ripulisci da ciò che è vecchio, ed avvizzito, statico, falso ed inutile, ora che fai piazza pulita da tutta quella antica sporcizia, ora cominci a vedere, a vedere le cose in modo differente. E ti chiedi: ma come è possibile? Anche se la domanda più seria sarebbe, a questo punto: ma cosa è la realtà, allora?

E allora io ti dico: la realtà è ciò che tu concepisci dentro. Non è mai qualcosa di predefinito. Può essere qualsiasi cosa dunque. Ma lo devi realizzare prima dentro! E' questo il bello di questo sogno chiamato vita. Essa parte dai grigiori e dai dolori più infernali della sprovvedutezza, per raggiungere, attraverso una mirata, forte e consapevole ricerca attiva della mente, ai paradisi più impensati. Ma le devi scoprire tu tutte queste cose. Le devi realizzare!

Non la troverai già fatta questa ricerca. E se ti fermi solo a quello che vedi, resti intrappolato in un circolo vizioso della negazione di facciata. Stai vedendo solo quello che quel tuo attuale livello di energia ti sta permettendo. Non stai vedendo proprio niente! Tutto il resto ti è negato, ti è celato, è troppo profondo perché tu possa vederlo ora. E, nel non vederlo, ti sarebbe facile dire razionalmente: ma io non vedo niente, dunque non esiste altro!

Bene, esattamente questo è il circolo vizioso della negazione di realtà, che fa leva giusto sull'apparenza di facciata e sulle conseguenti valutazioni razionali! Ed è così che la gente rimane intrappolata dentro se stessa! Poiché tutto ti è celato, fino a che non lo scopri da te stesso. Ma ti ci devi impegnare, poiché la forza di negazione non ti concederà facilmente la Verità. Ovvio, no? Dovrai impegnartici a suon di volontà, di applicazione quotidiana, e di energia. Mentre la realtà oppositiva cercherà in mille modi di sbarrarti la strada e di negarti ogni nuova anche più piccola evidenza. E' una battaglia terrificante quella che vai ad affrontare, cosa credi? Altrimenti chiunque vedrebbe con facilità! E invece, guarda un po' la gente...
Per questo a tanti la vita appare sempre uguale, piatta, insignificante. Poiché piatta ed insignificante è stata ed è la loro ottica, quindi la loro ricerca! Non è colpa loro poverini, poiché nessuno finora li ha guidati. Magari si sono sorbiti tanti catechismi nelle chiese: ma a cosa è servito poi?
La conquista della Verità non è una passeggiatina facile. Sicchè la vita ti verrà mostrata sempre uguale, piatta, insignificante e dolorosa, piena di ansie e di guai, di insidie, con poche dolcezze, con poche gratificazioni, con poca gioia. Quando poi non è così! E' solo ciò che la realtà oppositiva e negativa vuole farti credere! Ed è il primo piatto che ti serve! E' un inganno di facciata, non è la Verità.
Tu puoi riscoprire invece il tuo corpo a livelli che nemmeno immagini, puoi riscoprire le tue sensazioni a livelli che non oseresti neanche sperare. Puoi scoprire molte possibilità che al momento ti sono celate e che nemmeno concepisci. E' un'altra realtà, ma non la vedi. Eppure io ti dico che c'è. E se qualcuno te le raccontasse certe "strane" esperienze, tu gli daresti del matto. E invece io ti dico che il matto sei proprio tu, quando non vedi!

E ti stai perdendo possibilità incredibili di vita! Possibilità che Qualcuno ha già concepito per te, per il tuo "svago", e che sta a te ora scoprire. Quello stesso Qualcuno che in molti dipingono in modo sbagliato, bigotto, punitivo, repressivo. Non è quello Dio. Costoro non lo conoscono affatto! Scoprilo tu allora, cosa può significare Dio! Qualcosa di ben più arioso ed ampio, di luminoso, di gioioso, un godimento pazzesco, e non la negazione della gioia, non la condanna morale e la punizione! Non è quello Dio. Quello è l'uomo, nella sua più perversa sfaccettatura!
Sono finiti i tempi del giudizio, della condanna morale, della repressione e della persecuzione, della punizione. Non siamo più nel Medioevo, e Dio per fortuna è un'altra cosa!
Ma ti sarà sempre tutto celato, fino a che non ci darai dentro con tutto te stesso per smascherare l'inganno di facciata dentro al quale tutta la gente è calata, e per scoprire tutta la verità. Cosa è la realtà veramente? Come essa funziona? Fino a che punto tu puoi diventare la tua realtà e portarla dove a te è gradito? Ma lo devi scoprire. Non troverai queste risposte già fatte! La realtà oppositiva non te le regalerà in partenza! Essa continuerà a suggerirti piuttosto che è tutto difficile, anzi impossibile, tutto brutto e doloroso. Ma è davvero così? O c'è dell'altro?
Beh, scoprilo tu! A suon di forza, a suon di energia! Altrimenti la realtà non ti regala niente! Ed a mano a mano che smuovi le tue negatività, a mano a mano che ti ripulisci e che ti cambi, cambi la tua vibrazione, trasmuti, anche la tua realtà cambia, automaticamente, e noti cose che prima non notavi, e ne resti colpito, talvolta anche estasiato, e vedi accadere cose che prima non vedevi. Cosa sta succedendo? Stai cambiando tu. E la realtà, che è il tuo specchio, sta cambiando con te. E tutto diventa ora possibile, talvolta anche l'impossibile!

Sei ancora qui in questa dimensione fisica apparente, ma è come se tu non fossi più qui. C'è gente che ha assistito nella sua vita alla manifestazione di cose assolutamente inspiegabili alla ragione, che se raccontate ad altri ne avrebbero fatto certo ottimo motivo per martirizzarli, infierendo di brutto contro il loro stato di salute mentale! O cercando comunque di gettare discredito su quella persona, passandola magari per un imbonitore da strapazzo!
Come fai tu a raccontare alla gente un'esperienza che ha dello sconcertante, che nessun canone comune potrebbe considerare mai "normale"? Arrivi ad un punto in cui ciò che vivi non puoi neanche più comunicarlo! Poi ti guardi attorno e ti accorgi d'essere ancora nel mondo delle tasse, delle beghe politiche, delle cattiverie gratuite, delle guerre fraticide. E ti domandi: ma qua, chi sono veramente i matti?
Scopri un'altra realtà insomma. Ma a chi la racconti? Intanto tu, almeno tu ne godi. Ed io ti dico: meglio che tu la scopra certa Verità, che non che tu non la scopra. Poiché sapere è potere. Anche a costo d'essere solo contro tutti! Ne vale la pena.
Peraltro troverai sempre poi qualcuno col quale condividere quella tua esperienza. Non si è mai totalmente soli, a meno che non siamo proprio noi a chiudere le porte al mondo! Ci sarà sempre qualcuno che vibra sulle nostre stesse frequenze, per cui il "destino" ce lo farà incontrare, prima o poi. Inesorabilmente.
Dopo quel primo scorcio di percorso che scolasticamente potremmo identificare nella "guarigione", il riequilibrio ed il risanamento delle lacune principali dell'essere, si entra in quella fase che non meno scolasticamente potremmo identificare nella individuazione della propria superiore e nuova "identità". Qui siamo alla scoperta di un nuovo talento, di un nuovo carisma personale, di una nuova vocazione

professionale o di vita, di attitudini nuove, inclinazioni magari mai intraviste prima, o anche appena percepite, ma mai seriamente sviluppate o anche solo prese in considerazione.
Siamo davanti ad una sorta di ridefinizione della nostra personalità! Com'è possibile voltare pagina di colpo, accorgersi di poter recitare tutt'un altro copione, peraltro assai più gustoso? Per noi è un po' come l'alba di una nuova vita. Una cosa eccitante, sorprendente, avvincente. Eppure siamo sempre noi, ma è come se non fossimo più gli stessi, quelli di prima. E' una riscoperta.
Certe vecchie cose continuano ad esistere, ma è come se per noi avessero perso consistenza. O addirittura ci risolviamo con l'accantonarle definitivamente. Forse era proprio ciò che aspettavamo da tempo che avvenisse! Ed ora sì che c'è gusto. E' un ricominciare.
E tutto questo è frutto d'energia. E' un miracolo d'energia che si compie in noi. Ed essa ne potrà produrre tanto per noi! Insomma, riscoprire capacità sepolte dell'anima che fanno il loro dirompente ingresso nella nostra vita! Ti pare poco? Ritrovarsi rivoltati come un calzino, pronti ad una recita diversa! Ti pare poco? Può trattarsi di una facoltà artistica, o di qualunque altro tipo di talento. Si tratterà comunque di una personale facoltà, tutta propria, esclusiva, un'abilità tutta nostra che qualifica una nuova identità di vita, sociale, di lavoro e via dicendo. E' la nostra vera anima che viene fuori, dopo questa prima e decisiva ripulitura.
Dunque ora iniziamo ad essere noi stessi. E quasi ci meravigliamo di scoprirci alle prese con possibilità che non avevamo neanche sospettato, o di cui non conoscevamo bene la portata. Insomma, è il momento del nostro successo personale. Una autorealizzazione di vita a tutti i livelli. Le nostre relazioni sociali migliorano, e questo in quanto siamo più liberi dai preesistenti impacci mentali, ed a ruota

migliorano tutte le nostre opportunità di inserimento sociale e di lavoro, e di vita privata.

Un successo di vita parte sempre dal di dentro. Ed è un po' la sommatoria di tutte queste componenti, è una fiamma che si accende dentro, per potersi manifestare fuori. E' un successo globale, non solo lavorativo ed economico, ma anche della sfera affettiva, sessuale, amatoriale. A tutto campo insomma. E' la propria completezza, la pienezza, la felicità. Nulla giunge a caso. Te la devi meritare, guadagnare sul campo a suon di lavoro su te stesso. Datti energia positiva e ripulisciti dall'energia negativa. Ed il piatto è servito!

Finalmente possiamo essere noi stessi, e dire la nostra nella vita, avere finalmente un peso, incidere come a noi piace, godere di noi stessi e degli altri, dei frutti delle nostre conquiste, dare un senso alla nostra ricerca di vita, darle una gioia, un colore, un sapore. Qualificarla. Noi qualifichiamo quello che viviamo. La nostra energia lo decide. E noi ogni giorno stiamo costruendo, sia pure impalpabilmente, quello che sarà domani. Non esiste il caso.

E questo vale per tutti, sia per chi ci lavora consapevolmente con queste cose, sia per chi non le capisce nemmeno o le rifiuta. Il meccanismo è quello comunque, che a te piaccia o no. Ma sapere significa potere, gestirsi in modo fruttuoso. E se permetti anche intelligente. Che vale passare una vita da pecore, senza aver capito niente, essendoci bevute tutte le fandonie che ci ha raccontato il mondo, per poi morire, e doversi guardare un giorno nello specchio della propria anima e doversi chiedere: ma perché queste cose non me le aveva spiegate mai nessuno?

E a quel punto? A quel punto ti toccherà tornare qui in Terra (o in qualche dimensione simile) e ricominciare tutto daccapo, per ottenere domani tutta quella conoscenza che avevi sprecato ieri! Lo ritieni intelligente tutto questo?

Possiamo dunque non sentirci più degli zombie, o delle persone inutili, depresse: abbiamo la nostra identità di vita, il nostro compito. Ecco: il nostro compito. Ognuno deve avere un compito, qualcosa che sia utile al contesto sociale o comunitario nel quale vive. Poiché si ricava gioia dal dare, più che dal ricevere. Può trattarsi di un mestiere, o anche di un volontariato, o dell'applicazione di una capacità super-normale. Qualsiasi cosa apporti benefici agli altri, ad un qualche livello, o che contribuisca alla causa del benessere comune. Quello è benedetto, e brilla di luce propria. Ci fa sentire utili, e ci produce tanta soddisfazione morale, che non è poca cosa, ancorchè della soddisfazione materiale.

Guai tuttavia a mettere al primo posto la soddisfazione materiale: essa dev'essere sempre una naturale conseguenza di quella morale, un suo naturale completamento. Questo è fisiologico. Se facciamo invece operazione opposta, come chi fa pratica di lucro, che sia in una professione o nel commercio, ci esponiamo ai ritorni nefasti della legge: stiamo seminando disgrazia, infelicità, che raccoglieremo poi nelle forme più impensate, di quelle che molti giudicano casuali o pura iella, ma che un caso invece non sono mai.

Quando ci fondiamo sul principio dell'amore non sbagliamo mai. Tutto funziona a meraviglia, per noi che diamo come per coloro che ricevono. E' un'armonia globale, un beneficio per tutti i giocatori in campo. Dà soddisfazione, remunera a tutti i livelli. E dando automaticamente riceviamo. Poichè questa è legge suprema, è meccanismo automatico, divino se preferiamo.

La scoperta della nostra nuova identità, che possiamo definire in un nuovo talento o in un carisma professionale o quant'altro, va a tradursi poi in un ruolo sociale, in una qualche forma di servizio; e questo è quanto possiamo definire anche "autorealizzazione". Poichè ti realizzi quando sei te

stesso veramente, quando esprimi e manifesti la vera natura del tuo Sé, la tua vera vocazione, il vero carisma della tua anima. Potresti non essere affatto realizzato pur guadagnando tanti soldi, ma facendo qualcosa che non corrisponde alla tua anima. Ti spersonalizza. Ti deprime e ti affossa. Ti toglie energia e vitalità. Guadagni tanti soldi, eppure la tua vita va a rotoli, non senti neanche più gusto nelle cose, e nulla ti va come vorresti. Questo sarebbe vivere, godere della bellezza del creato?
In che cosa consiste la bellezza forse? In ciò che tu riesci a vedere e sentire! E dunque si può essere vivi ma solo sulla carta! Per non dire poi di quelli che hanno bisogno di impasticcarsi per tirare avanti!
Capisci? Autorealizzarsi vuol dire essere se stessi, essere veri, dare fiato alle proprie trombe profonde che urlano e chiedono soddisfazione. Non continuare ad essere ciò che il mondo ci impone, degli automi! Allora sei felice.
Più in generale autorealizzazione è il soddisfacimento pieno di tutte le istanze del Sé, l'appagamento della propria vera essenza, della propria vera anima, a tutti i livelli della propria vita psichica. Tu potresti essere stato un travestito in privato ad esempio fino ad oggi, ma ora hai bisogno di esplodere ed autenticare la tua vera "diversità" sessuale. Bene, se sei "dell'altra sponda", perché continuare a recitare un ruolo in questa che non ti appartiene più? Se vivi in un corpo di uomo ma ti senti più donna, bene, trasformati in donna! Chi te lo impedisce? Il giudizio sociale? E cosa ti ha dato fino ad oggi il "giudizio sociale"? O viceversa, se vivi in un corpo di donna e ti senti più uomo, bene, trasformati in un uomo! Così sarai te stesso! Chi ti obbliga ad essere quello che non sei? L'anagrafe?
L'unico consiglio che mi sento di darti, prima di procedere ad una tale trasformazione decisiva, è quello di sincerarti bene tuttavia sulla tua vera identità. Passa prima per il vaglio

dell'energia! Perché nessuna verità sfugge ad essa. Se veramente quella è la tua volontà di fondo, non potrà essere fermata, anzi si imporrà ancor più perentoriamente. Ma se la tua dovesse essere solo una manovra difensiva psichica, un gettarti sull'altra sponda per sfuggire a qualche "grana" in questa, beh, evitati una catastrofe personale, un fatto invalidante che ti segnerebbe per il resto dei tuoi giorni! Non gettarti in un baratro per fretta! Sarebbe stupido!

L'energia ti dà la possibilità di guardarti bene dentro, e di capire quale meccanismo stai mettendo in atto, ovviamente inconsciamente. Sii saggio, dunque: prima l'energia, poi la tua vera identità!

Insomma si esce definitivamente dal tunnel della spersonalizzazione dell'essere e del vivere, del rappresentare ciò che non si è, e che in qualche modo ci ha imposto il mondo, per essere finalmente noi stessi, costi quel che costi. Questo è l'autorealizzazione. L'essere se stessi, appagati, un successo esistenziale che consegue a questo venir fuori per quello che siamo veramente e questo donarci al mondo nella edizione migliore e più redditizia di noi. La più potente, la più efficace, quel potenziale unico ed irripetibile che ci contraddistingue. Nessuno può essere noi. Siamo irripetibili nella nostra unicità. Unici ed irripetibili, pur in mezzo a sette miliardi di persone!

Magari fuori dagli schemi comuni, che sono poi quelli che assai spesso ci imprigionano, che ci uccidono, che ci impediscono di essere noi stessi. Vi sono professioni nuove, nuove possibilità di esprimerci e di donarci, di offrire servizio presso altri, perfettamente anche fuori da schemi avvizziti ed ipocriti di sempre, di una società del falso moralismo di facciata, ma poi dell'ipocrisia e dell'imbroglio sottoerranei. Che razza di società è mai questa?

E' forse meno seria una prostituta che dona il proprio corpo a qualche uomo socialmente "impedito", o un politico che sta derubando una intera comunità con atti sotterraneamente fraudolenti? Chi è il vero benefattore alla fine? Quella donna che ti sta dando un attimo di gioia, o quel truffatore che sta stornando tanti "spiccioli" a parecchia gente che ne avrebbe bisogno come il pane?
Essere se stessi comporta qualche volta anche l'andare contro corrente, contro certi demenziali schemi di questa società. E' anche una scelta di coraggio, non solo di protesta, ma di diritto personale. Nessuno ha il dovere di essere per forza quello che gli impone la comunità, specie quando non gli calza affatto. Tutti invece hanno il diritto di essere quello che sentono nell'anima, anche se non calza molto poi ad altra gente, o a quella che continuiamo a definire la "morale comune".
Se a te donna piace andare con più uomini, perché non dovresti poterlo fare? In nome di questa morale comune? Perché dover essere giudicata una "puttana", quando puttana è questa società della ipocrisia e della perversione, che favorisce che tanta gente muoia, che discrimina, che ghettizza, che non aiuta, che sa solo giudicare! E un tempo, per causa di un sì facile giudizio morale, tanta gente finiva sulla forca, anche per molto poco, anche fior di santa gente! E oggi è forse diverso?
Coi mass media ci vuol così poco a demonizzare qualcuno ed a farlo passare per un satana! E il gioco è fatto: quel tal personaggio ne viene fuori distrutto (i vari Tortora e quant'altro), mentre qualcun altro se ne riempie ben bene la pancia! (i vari padroni del sistema). In ambito morale, come già osservato, quel che conta è di non essere mai di danno a nessuno, e possibilmente anzi d'essere di aiuto a tutti. Questo è essere "morali". Il resto sono solo chiacchiere. Anzi imbrogli, finanche da parrocchia!

Che se poi a te piace andare in giro vestito da carnevale tutto l'anno, beh, è una stravaganza tutta tua, che per quanto possa anche fare ridere la gente, per certo non danneggerà nessuno!
Quando certo conformismo di questa società diventa stupidità, peggio ancora rigidità ed incapacità di capire il prossimo, le sue esigenze, la sua giusta libertà, quando diventa una vuota ed infruttuosa ma anche pretestuosa presa di posizione, allora è demagogia, allora è dittatura! La gente ha bisogno di libertà, non di false dottrine che tentano solo di inchiodarla a vita ad una vuota sofferenza, la gente ha bisogno di servizi, non di sfruttamento e di inganni (vedi politica e gestione della cosa pubblica), la gente ha bisogno di gioia, non di un mondo da incubo come questo, dove quando accendi la tv il meglio che ti possa capitare è di sentire che il tal dei tali si è appena suicidato per fallimento dell'azienda o per mancanza di lavoro!
Che te ne fai di un mondo dell'apparenza, ove si fa di tutto per mostrare ciò che non è, e per occultare le proprie vere malefatte, un mondo di una ipocrisia colossale dove tutti vorrebbero determinate cose ma nessuno ha il coraggio di dirle! Un mondo dell'immagine e della contraffazione, ove si fa di tutto per mostrare l'opposto di quello che è, un mondo di finzione, ove la fiction la viviamo tutti i giorni sotto questo sole! Altro che tv! Ed i commedianti siamo noi!
E diamo addosso al primo malcapitato di turno che magari non è poi reo di tutto quello di cui lo stanno accusando apertamente; e questo in quanto questa società repressa e stuprata non vede l'ora di farla pagare a qualcuno! E v'è sempre qualcuno a cui farla pagare, magari proprio quello che poi in fondo non aveva fatto tanto! E' tutta là la nostra cattiveria, che qui si scatena, la nostra rabbia repressa, la nostra frustrazione di uomini insoddisfatti dalla propria vita, e che si scagliano addosso al primo "bastardo" malcapitato di turno che la

sconterà per tutti! Proprio quello che questa volta non aveva fatto quasi niente!

Cosa è marcio dunque in questa società? Di chi la colpa se l'uomo è così frustrato, insoddisfatto, ma anche stupido, da non aver ancora visto e capito come gira questa ruota? Cosa fare per ribaltare questa condizione d'insoddisfazione in gioia, in appagamento, in autorealizzazione?

Bene, ribaltiamo questa cultura fatiscente, questa cultura di morte, di insoddisfazione, di malattia, di disagio e di sconfitta. Di schiavitù. Qualcuno ha gradito che intere masse languissero al fuoco dell'ignoranza e dell'impotenza? Qualcuno ha preferito toglierci potere? Bene, riprendiamocelo a partire da ogni singolo. E l'uno dopo l'altro recuperiamo tutta la nostra potenzialità nascosta e mai aiutata. Tanti singoli fanno una massa, ed una massa è una società.

La rivoluzione del mondo comincia dunque giusto da te. Ed è una rivoluzione della tua energia, della tua affermazione personale, della tua realizzazione. Realizzati come uomo prima di poterti realizzare come dio. Ognuno di noi è un potenziale dio, nell'unico e grande Dio. Non perderti più in chiacchere. Ora agisci!

Se ci fai ben caso, la maggior parte delle regole che vedi ruotare attorno a te in questa società è solo una presa in giro. Si tratta di norme di vita sociale che affondano le radici spesso nella truffa, nella tradizione diventata ormai strumentalità, nella immagine e nell'apparenza, quando al fondo poi c'è miseria, ipocrisia, contraddizione. A chi garbano certe regole, in fondo? Una miseria morale che suona di disperazione, una giungla ove il più furbo che passa per primo ti si frega il malloppo e ti fa fessi tutti!

Ognuno pensa alle proprie tasche. Altro che coscienza sociale e tantomeno spiritualità! Siamo dunque conformati a cosa? E soprattutto, siamo diretti da cosa? Da un sistema falso e strumentale, che affonda le radici nella tradizione (così si fa!), ma che sotto sotto è servo degli interessi di un ristretto gruppo di potere, a livello planetario. Conformismo dunque, o "schiavitù"?

Ecco, autorealizzazione è esattamente l'opposto rispetto ad un tale immondezzaio: è libertà da tutte queste schiavitù, libertà del pensiero, libertà dalle tradizioni, dagli appestanti luoghi comuni, che tutto dicono e che tutto negano, da un conformismo di sistema che ci ha solo devitalizzati. Non puoi essere te stesso e continuare a servire altri padroni, di pensiero inanzitutto, altre ideologie. L'uomo autorealizzato è un uomo libero, libero anche dalle ideologie.

L'ideologia sarà per te quella che deciderai tu, quella che sentirai scenderti a pelle, calzarti a pennello come una scarpa giusta per un piede giusto. Punto. E' la tua ideologia, non quella degli altri, quella che a te vibra e risuona dal di dentro, non necessariamente al mondo intero!

Ora sarai in pace con stesso e con tutti, e non più schiavo della filosofia storicamente o politicamente di turno, di comodo puntualmente a qualcun altro! Le migliori ideologie sociali e politiche alla fine sono diventate dittatura. Alla fine non potevi neanche respirare! Questo ci ha consegnato la storia. Che fossero di destra o di sinistra alla fine hanno fatto tutti uno stesso gioco: papparsi la pagnotta solo loro!

Non deve servirci ora questo bagaglio di esperienza? Non deve insegnarci che l'uomo, di qualunque colore ideologico sia, quando si ritrova il malloppo tra le mani delira, si dimentica degli altri, ed allucina solo la sua sete di potere? Vorresti ancora fidarti dell'uomo?

Non può e non deve esistere un uomo che comandi un altro uomo. E' un non-senso, è un karakiri! Finirai col fargli fare prima o poi quello che gli aggrada, a scapito degli altri. E'

sempre stato così, che fossero monarchi o dittatori rossi o dittatori neri, che fose un'oligarchia o un governo popolare.
Per cui ognuno dovrà essere il "comandante" di se stesso. Sovrano di se stesso. Questa è libertà. Ma questa società è lontana da un simile ideale, visto che demanda sempre ad altri, e sempre a pochi la gestione delle cose di tutti. E le conseguenze puntualmente le vediamo! L'errore si ripete: ma quando impareremo?
L'uomo libero ed autorealizzato è come una sorta di "extraterrestre" nel mondo, uno che sa stare tra gli altri, ma non si fa risucchiare dalle logiche degli altri. Ha una sua personalità. Ed è una cosa rara questa: ma è una grande vittoria! E un uomo che abbia raggiunto questa vittoria può essere di guida ad altri, potrà ben indicare ad altri la "via maestra" da seguire. E' pacifico.
Una tale conquista alla fine non la fai solo per te. Nella superiore armonia del creato e dell'universo ogni conquista è scambio, condivisione, utile per la comunità, degli astri, di tutti gli esseri che li abitano. Non esiste in realtà una crescita o una conquista che sia solo per se stessi. Questo è solo una illusione.

Capitolo 17

Trasmutiamo

Nel tuo ulteriore avanzamenrto, inizi poi a salire ad un più alto livello di energia, il che farà di te uno strumento ancora più sofisticato, di più sottile caratura, utile in favore di altri in una modalità diversa, per mano di facoltà o di possibilità di natura più sottile. Approdi insomma allo sviluppo di una qualche facoltà supermentale o "paranormale" come si dice in gergo comune, poteri superiori della mente talvolta inquadrati anche nell'ambito del soprannaaturale, e questo in base all'ottica dalla quale li si osserva.
La mente superiore ha modalità proprie di azione e di manifestazione, che quando si conclamano, e questo avviene per effetto di un maggior livello di energia, si muovono su piani di funzionamento che di razionale hanno ormai ben poco. Ma che dimostrano comunque soprattutto il loro concreto quanto eccezionale effetto! Quando parliamo di un superiore grado di energia, parliamo di una frequenza vibratoria più elevata, di un rango più alto al quale corrisponde una interazione con la vibrazione materiale di terza dimensione ovviamente più penetrante.

Per intenderci, se ad interagire con l'energia della materia (terza dimensione) è un'energia di quinta dimensione (frequenza superiore alla velocità della luce), gli effetti di tale interazione saranno ben più potenti ed immediati. Se ad interagirvi è un'energia di quarta dimensione (piano astrale), gli effetti saranno meno prorompenti. Una volizione di quinta dimensione, ad esempio, può trasformarti uno stato materiale da solido in gassoso o liquido anche in un istante (cambiamento di stato o di forma). Una volizione di quarta non riuscirebbe ad arrivare a tanto.

Che l'energia mentale sia un potere, credo che l'abbiamo scandito abbastanza, e che essa sia un tutt'uno con l'energia materiale ritengo altrettanto. Quando la tua energia si fa ancora più grande, è naturale che la tua capacità di interagire con la dimensione materiale tutta nella quale vivi cresca al punto tale da poter tu anche a comando generare eventi o modificarne altri. La tua mente incide sulla realtà materiale, quella stessa realtà nella quale tu sei immerso nel quotidiano. E questo può coinvolgere anche altri assieme a te. Altri dei quali tu stesso ti sei fatto carico di guida e di insegnamento. Sono dei compiti questi, e certo potere si mette inevitabilmente al servizio di questi compiti. Altrimenti a cosa servirebbe disporre di un potere?

Ora, è normale intanto che la crescita dell'energia diventi anche un allargamento di coscienza, arrivando la tua coscienza ad "inglobare" molte altre coscienze, esattamente quelle di coloro che tu guidi. Loro sono in te, e tu sei la loro guida, il loro faro, il loro maestro. Non sei solo un'istruttore: sei un'energia attiva che vive anche dentro di loro, in un afflato continuo e costante anche là ove non si veda, anche là ove ci si ritrovi spesso fisicamente distanti. Ma le distanze non esistono nell'ordine della coscienza.

Se tu sei più in alto di loro (nella tua evoluzione o frequenza mentale, non certo nelle fantozziane gerarchie della società umana!), e ne inglobi nella tua coscienza tanti, è normale che tu sia mosso all'assistenza di essi, anche là ove essi non lo vedono. Un'energia fluisce da te in loro favore, un'energia-luce che fa molto per la loro vita, li aiuta. Il concetto di superiorità e di potere non viene qui vissuto dunque in senso di "comando", ossia nella più becera interpretazione egoistica dell'uomo, ma al contrario in senso di "servizio".
In altre parole, nelle "gerarchie" spirituali chi sta più in alto è chi dà di più. Non come accade tra noi uomini, dove chi sta più in alto è chi "arraffa" di più o sottomette tutti! Paradossalmente, in chi si evolve viene sempre meno il senso dell'io. Una entità più evoluta ha meno il senso dell'io e più quello della collettività. Una entità più evoluta si identifica essa stessa in una collettività. Il Cristo, per capirci, è una intera umanità. Egli non vive per se stesso, non ha più un concetto di se stesso: egli è tutta la collettività umana. Un Sé allargato insomma, comprendi?
Dio è un Sé che ingloba tutto l'universo! Dio è tutto l'universo. Egli non vive per se stesso! Non esiste un se stesso in Lui. Lui è l'universo. E tu sei parte di Lui. Ognuno di noi è parte di Lui. Puoi anche chiamarlo il Tutto. Fa lo stesso. Le definizioni lasciano sempre il tempo che trovano!
Dunque nelle alte gerarchie spirituali vige solo un concetto di servizio, non di comando sugli altri. Il potere di comando sulla materia è solo uno strumento utile alla causa del servizio! E più alto sei di rango, più potere hai, e più fai servizio. Tu sei a disposizione di chi ti sta "sotto", vivi per loro. E la tua gioia è esattamente proporzionale al quel tuo grado di servizio. Esattamente l'opposto di ciò che accade in Terra, dove il servizio è una fatica orribile, se non una umiliazione, mentre la gioia viene intesa come ricavo tutto personale ed egoistico,

mentre il dare è praticamente la perdita di qualcosa di sé! Questo è l'uomo medio!

Dunque quando evolvi sei in grado di interagire direttamente con la materia, di operare trasformazioni di stato o di generare nuovi eventi. Il tutto previa opportuna attività mentale di concentrazione. Puoi generare eventi della più svariata natura, non ultimo campi di forza di guarigione, della qual cosa ci siamo già specificametne occupati. Non mi dilungherò molto su questo genere di fatti, poiché è ambito tanto vasto da richiedere un approfondimento a sé. Così come è anche oggetto di dispute e di controversie, e non solo nell'opinione comune, ma anche in quella di studiosi, e direi di malintesi soprattutto. Parlarne apertamente, tuttavia, credo sia sempre la cosa migliore, specie quando si sia animati da serio spirito di osservazione scientifica.

Resta alto comunque il pregiudizio in tale ambito, un sottile senso di condanna, un po' perché campo a dir poco impalpabile, e che si sottrae a tutto quanto è facilmente intelligibile e razionalizzabile, un po' per quel non dichiarato senso di disapprovazione che certa religione pare esprimere per tutto ciò che non sia "in Dio", quasi che certe facoltà abbiano poi chissà quale oscura origine! Come sempre l'uomo, tutto ciò che non capisce, lo rigira nel contrario: non è la volpe che non arriva all'uva, ma è l'uva che è acerba! Esopo docet!

E d'altronde ne abbiamo avuti a iosa esempi nel passato di "strani" personaggi, da Paracelso a Giordano Bruno, da Mesmer a Cagliostro, gente che ha fatto sfoggio di facoltà fuori dalla norma e che è finita puntualmente sotto gli strali del comune pregiudizio, se non della Santa Inquisizione! Gente perseguitata, in quanto considerata rea di pratiche di "stregoneria". Sol perché capace di fare cose altrimenti inspiegabili, ed ancor più forse in quanto rivoluzionaria, capace di destabilizzare i poteri forti di chi "comandava" a quel tempo in quelle società! Una storia di interessi, ancora una volta, ancorchè di "ignoranza". E l'interesse privato non è mai stato molto affascinato da tutto ciò che è Verità!

Ci vuol poco a gettare discredito su una persona e trovare facilmente "prove" che lo inchiodino definitivamente ad una croce! La verità poi, come da sempre, ti salterà fuori come per incanto solo dopo qualche secolo!

Per non dire che di base poi, per un naturale processo di rifiuto, anche a dispetto di una qualche evidenza, tutto ciò che costituisce innovazione se non rivoluzione di pensiero o tecnologica, non sortisce mai di primo acchito approvazione e simpatia, quantomeno tra le classi addette ai lavori. Più facile che lo sortisca tra la gente di strada, paradossalmente, che altro non chiede se non una qualche forma di innovazione che possa renderla più libera, più produttiva, più felice!

Non mi dilungherò oltre dunque sul tema delle facoltà superiori della mente. Limitiamoci a dire, con giusto linguaggio scientifico, che quando la mente sia entrata in una dimensione vibratoria più profonda e quindi di superiore caratura, essa ha accesso ad una più alta dimensione di esperienza. Per un fatto che ha del matematico. E' una questione di relatività: a più alte frequenze vi sono più alti livelli di manifestazione d'energia mentale, con tutto quello che naturalmente ne consegue.

Questo in fondo è l'evoluzione. E se tu dimori in un grado di coscienza superiore alla media, puoi ritrovarti a vivere esperienze che altri potrebbero non capire. E non perché tu sia un matto o perché loro siano dei deficienti, ma perché ti sei portato su un differente livello di frequenza, in quel momento ancora sconosciuta all'altro. Per cui quello tenderà a non crederti. E tutto questo va accettato.

Ognuno crede difatti in quello che ha visto e sperimentato di persona fino a quel momento. Tutto ciò che vada oltre, e

dimori in dimensioni più sottili, è pacifico che possa non essere creduto e scambiato per una bella opera di fantasia da chi non raggiunga ancora quei profondi piani vibratori della mente. Altrimenti tanta gente degna non sarebbe stata presa per visionaria tanto facilmente! Com'è altrettanto naturale che, dopo aver eventualmente sperimentato di persona, anche uno scettico sia disposto a ricredersi! Di fronte all'evidenza, nessuno nega! A meno che particolari interessi sotterranei non spingano qualcuno a negare anche di fronte all'evidenza: ma questa è un'altra cosa! Qui siamo davanti ad un bluff di gioco, non ad un sincero atto di coscienza!
Tu dunque puoi anche scoprire un pozzo d'oro, ma se gli altri non lo vedono non ti crederanno. E' così che tanta gente straordinaria è finita facilmente alla gogna nel passato. Accade dunque paradossalmente, su questo nostro pianeta delle meraviglie, che se tu appartieni ad un livello di coscienza minore, altri possano deriderti considerandoti poco più che un brocco. Al contrario, se tu dovessi dimorare in un rango di coscienza superiore, gli altri ti derideranno comunque, scambiandoti in questo caso per un visionario, un esaltato, un paranoico!
Se vuoi sopravvivere dunque in questa società, non ti resta che occultarti e spersonalizzarti nella massa, conformarti, ossia a dire: non essere nessuno! Guardati dunque dal raccontare candidamente certe tue esperienze al mondo! Ma che questo non ti sia di impedimento tuttavia al farle! Tutti cerchiamo in fondo, ed astenerci dal cercare ed impedirci di trovare le risposte alle nostre domande è un po' privarci del sale stesso di questa nostra vita.
Dunque arrivi a sviluppare stati di coscienza assolutamente fuori dal comunue. Chi cerca trova, non c'è dubbio! E quando funzioni ad un differente stato di energia, in una diversa dimensione di coscienza diciamo meglio, ogni tuo atto viene

informato da quella superiore luce, ogni componente di te, anche la più bassa, viene alimentata da quella superiore informazione e viene a funzionare a quel differente modo (il corpo fisico, la bioenergia, le dinamiche psichiche, le percezioni di coscienza, ma anche il pensiero, l'intelligenza, la memoria, la fantasia, la tua parola, i tuoi gesti, il tuo comportamento tutto). Tu vivi nello stesso luogo fisico degli altri, eppure non sei più come loro: la tua dimensione s'è modificata dentro.
E questo manda spesso in tilt gli altri, i quali, quando non riescono a spiegare, ripiegano su un banale: se n'è andato fuori di testa! Con la differenza che loro continuano ad annaspare nella loro vita, tu non più! Chi sono i veri matti alla resa dei conti?
Viviamo tutti nello stesso luogo e nello stesso tempo, ma tu vedi e vivi cose che altri non vedono e non vivono. E questo in quanto l'occhio che vede in profondità e la mente che crea in profondità appartengono ad una dimensione sovrarazionale (quarta, quinta, ecc.), e quanto più in alto è il rango di coscienza mentale al quale ti porti, tanto più ti cambia tutto il quadro di percezione della realtà e di interazione con essa. Ad un dato momento sei nella causalità degli eventi, ossia tu stesso entri nel vivo operativo degli eventi della realtà, dimori nella progettualità dei fenomeni e delle vite umane. E' naturale che tu veda dove altri non possono vedere. A quel punto sei addirittura in cabina di regia, nella costruzione degli eventi della vita. Qualcosa di incomunicabile.
Molto più facile fare, a quel punto, che parlare! Se parli rischi magari d'essere ghettizzato, emarginato, o ammanettato!
Se uno è, diciamo, in quinta dimensione, non verrà capito da chi è ancora in terza, per intenderci! L'uomo di terza dimensione è l'uomo delle emozioni, dei sensi, del calcolo razionale e delle congetture. Già l'uomo di quarta è un uomo

d'arte e di cultura, di fantasia più che di materialità, di gusto e di bellezza, d'istinto più che di ragionamento. L'uomo di quinta è già meno umano. Potrebbe avere tutte le apparenze dell'umanoide! Un essere dai tratti impersonali, quasi senza sentimenti, senza un senso di appartenza, quasi un extraterrestre! Mangia o non mangia, dorme o non dorme, insomma fa lo stesso. Che razza di essere è costui? Fa cose strane, ovviamente agli occhi degli altri, ma piene di senso agli occhi di quella logica che non è più di terza dimensione. Ma non ha certo i tuoi problemi! Quello ci cammina sopra!

Dulcis in fundo, in questo tuo progresso evolutivo, ed in questo tuo "saltare" continuamente in avanti, finisci col trasmutare totalmente, senza che mai si possa dire a che punto finisca tale processo di trasmutazione! Quale limite ha la nostra possibilità di evoluzione? Magari sperimenti un giorno di poterti sollevare da terra senza più bisogno di un ascensore o di un elicottero, o di spostarti nel tempo come se fosse un gioco, o di muovere gli oggetti fisici come fosse fantasia!

Cosa è vero e cosa è falso alla fine?

Magari non lo racconterai a nessuno. Ma tu saprai che c'è quella straordinaria dimensione, che esiste quella impossibile realtà! E' un'altra verità, d'accordo, ma è la Verità. E se esistono tanti mondi sottili o dimensioni, perché mai non dovrebbe esistere anche qualche altra Terra fisica come la nostra, da qualche altra parte di questo sconfinato universo?

Pare tutta nostra questa abilità di voler limitare Dio e le sue invenzioni! Ma per fortuna Lui non è un umano. Per fortuna Lui è l'irragiungibile.

INDICE

Capitolo 1
Il generatore mentale--pag. 9

Capitolo 2
Il campo elettromagnetico-mentale---------------------------------17

Capitolo 3
Una nuova cultura: l'Auto-sviluppo d'Energia----------------------24

Capitolo 4
Quando l'energia diventa arte-------------------------------------32

Capitolo 5
Un mondo oscuro interno a noi ------------------------------------40

Capitolo 6
Una terrificante lotta per la sopravvivenza-----------------------48

Capitolo 7
L'energia come motore per l'analisi
delle dinamiche psichiche---56

Capitolo 8
Il mondo delle false regole---------------------------------------64

Capitolo 9
Il copione dell'ipocrisia---78

Capitolo 10
La nuova cultura del sesso---91

Capitolo 11
Una illusione di libertà--101

Capitolo 12
La trasmutazione di luce dell'essere umano------------------------112

Capitolo 13
L'omeostasi psico-corporea--122

Capitolo 14
La nuova pratica dell'Auto-sviluppo d'Energia---------------------132

Capitolo 15
L'unità col Tutto---140

Capitolo 16
Autorealizzarsi--149

Capitolo 17
Trasmutiamo--165

INDICE--175

Printed by Lulu Ed.
3101 Hillsborough Street
Raleigh, NC 27607
UNITED STATES
www.lulu.com

www.ingramcontent.com/pod-product-compliance
Lightning Source LLC
Chambersburg PA
CBHW060847170526
45158CB00001B/267